富足

过丰盈而美好的生活

[美] 杰森·沃克霍布◎著　张 琨◎译

古吴轩出版社

中国·苏州

图书在版编目（CIP）数据

富足：过丰盈而美好的生活／（美）杰森·沃克霍布（Jason Wachob）著；张琨译. — 苏州：古吴轩出版社，2019.5

ISBN 978-7-5546-1302-3

Ⅰ.①富… Ⅱ.①杰… ②张… Ⅲ.①人生哲学—通俗读物 Ⅳ.①B821-49

中国版本图书馆CIP数据核字（2019）第038048号

责任编辑： 蒋丽华
见习编辑： 顾　熙
策　　划： 王　猛
封面设计： 尚世视觉

书　　名： 富足：过丰盈而美好的生活
著　　者： ［美］杰森·沃克霍布（Jason Wachob）
译　　者： 张　琨
出版发行： 古吴轩出版社

地址：苏州市十梓街458号　　　　邮编：215006
Http://www.guwuxuancbs.com　　E-mail：gwxcbs@126.com
电话：0512-65233679　　　　　　传真：0512-65220750

出 版 人： 钱经纬
经　　销： 新华书店
印　　刷： 天津旭非印刷有限公司
开　　本： 880×1230　1／32
印　　张： 8.25
版　　次： 2019年5月第1版　第1次印刷
书　　号： ISBN 978-7-5546-1302-3
著作权合同登记号 ：图字10-2018-441号
定　　价： 42.00元

如发现印装质量问题，影响阅读，请与印刷厂联系调换。022-22520876

每个成功的男人背后都有一个伟大的女人，而我却有三个：

我的母亲——她总是对我说，我会有所成就。

我的外祖母——她在天堂看着这一切。

我的妻子——科琳，我生命中的挚爱。

财富

名词，来自中世纪英语：安康与幸福或大量的财产。

富足

名词，指的是一种全新的、更有价值的生命货币，体现为丰盛、幸福、满足、健康与快乐。

第一位的财富是健康。

——拉尔夫·沃尔多·爱默生

我这人喜欢钱。

千万别误会！我不是个守财奴——我明白，除了财富之外，生命中还有很多值得追求的东西。

我们能用辛苦赚到的钱去买各种亮闪闪的好东西，然而我们中有很多人并不满足于银行户头数字的不断增长。美好的生活已经不再只是物质需求得到满足，而是一种致力于生理健康和心理健康的生活方式。与此同时，还要有那种能感知快乐与幸福的能力。

尽管很多人在定义美好生活时，一定会将"富有"这个词包含进去，但我相信，是时候让这个词回归它原本的定义了。

我想起了另一个词——富足，它可用来进一步强调安康对所有人的重要性。

　　在富足的生命状态中，幸福是可以获取的，健康是非常重要的，生活是真正充实而丰富的；在富足的生命状态中，工作充满目标，友谊深厚，每天你都会感到自己的富有，以及心中满溢的快乐。

　　但既然没有对"富足"的一个统一的定义，我希望这本书能够作为一本指南，帮助你开启独一无二而又充满意义的心灵旅程。

　　与你一样，我也在找寻一种平和的、自足的生活。

　　我并不是医生或者治疗师，也不是职业运动员或者知名人物。我既不是亿万富翁，也不是从赤贫家庭里走出来的人。我有很多经验和大家分享，但我绝不是什么人生导师。尽管我曾经是心理疗愈师，但现在不是了。

　　恰恰相反，我就是个普通人。因为我在富足社群的工作中——尤其是通过我的网站mindbodygreen.com——碰巧结识了一些世界上非常有见地的健康专家。

　　你会在书中了解到他们中的一些人，其中有瑜伽导师凯瑟琳·布迪格、冥想老师查理·科诺、功能医学先锋佛兰克·李普曼博士，以及关系专家苏·约翰逊博士等人。

　　我从这些专家和我本人那充满挑战的、神奇的人生经历中学到了很多。

41岁的时候，我已经在储蓄方面达到了财务自由的一些重要指标。同时，我也能够控制住自己那猴子般敏捷的头脑和亢奋的精神。此外，意义非凡的、和谐的人际关系使我身心安宁。每一天，我都能体会到平衡的感觉。

整体上来说，我体验着一种富足感和幸福感（至少大多数时候如此）。我也很庆幸能够拥有与自己价值观相匹配的生活和工作，以及一个给予我支持的充满活力的社区。

你可别误会！尽管我已经实现了自己的一些梦想，可远没有达到完美——还差得很远。

在付出了惨重的代价之后，我才发现：华尔街可以让你一无所有；所爱之人的死亡可以改变你的生活；瑜伽能够拯救你的生命；真正与你的价值观相匹配的工作，才是有意义的。

我经历过多次失败，也知道自己还将继续经受挫折。但是，我已经踏上了一段趣味横生的旅程，我希望你也会觉得我的历险精彩有趣，并能与之发生某种联系。

我曾是个粗枝大叶的、酗酒成性的人，后来成了一名成功的证券交易员。我曾放弃所有，成为一名从事健康行业的企业家。我也曾身无分文，心情极度沮丧，直至为一种使命感所激励，努力筹集资金去实现自己的梦想。

我在mindbodygreen网站的小公寓里工作了3年，我太太一直给予我支持。经过不懈努力，网站的月浏览量从0一直发展到如今的1500万人次，现已成为美国领先的媒体和健康品牌。

在 mindbodygreen 网站开通之前，类似"头脑—身体—灵魂""头脑—身体—环境""头脑—身体"这样的词非常普遍。

那么，为什么我这个网站的名字是 mindbodygreen 呢？当时，它可并不在词库之中。此外，为什么 mindbodygreen 是一个词，而不是三个词呢？

因为无论我们是否喜欢，每件事都是相互连接的——我们的大脑、我们的身体和我们所处的环境。

大脑和身体并不是分离的，它们是一个整体。这正是我们虽然阅读了众多有关成功的书，遵守别人制定的严格规则，但仍然不能拥有富足人生的原因。

如果我们脱离了与大脑、身体的连接，那么，我们就不能获得真正的健康，因为我们与自己脱节了。你将在书中发现，富足的"绿色层面"也非常重要。

作为一个生活在城市里的人，我甚至发现，富足的"绿色层面"对我们与自然的连接有着不可思议的重要性——如果我们没有意识到毒素和化学物质对我们的大脑、身体和环境的影响，就不可能拥有健康的生活。

我将与 mindbodygreen 的专家们一起，带领你走上实现真正的富足人生的道路。

我们将从一些基本的身体的层面开始（食物、运动），随后谈到如何谋生（工作）；从观念塑造我们的体验（相信），谈到能量流动与热情对我们的重要性（探索）；之后，我们将一起探讨"大脑—身体"的练习（呼吸），以及友谊和支持系统对我们的身心健康的重要性（感受）。

如果你的人际关系混乱不堪，那么，你是不可能实现富足的——这既包括你与别人的关系，又包括最重要的关系——你与自己的关系。

所以，我们会探索关系（爱），还会谈到当事情脱离正轨时，照顾好你的身体（疗愈）与感恩的重要性（感谢），以及身体与自然的紧密连接是如何支撑我们的（基础）。

随后，我会讨论自然状态中的人类境遇——死亡与悲伤——当了解到我们最终都会死亡时，这将为我们带来什么样的讯息。

我会以《欢笑》作为结束本书的最后一章。这是因为，如果你不能自得其乐，那生命还有什么意义呢？

同时，我也希望你能在自己生命的各个层面都得以健康发展。这样，你必定会真正拥有富足的人生。

目录

第一章

发现独属于你的健康食物

　　我们要如何实现富足呢？首要的，即基础的方面在于滋养身体。

　　似乎所有人都想知道完美的食谱是什么。有的人认为，采用原始人饮食法（只吃原始人可以获得的食材，包括蔬菜、水果、肉、鱼类等，但需要排除谷类、乳制品、豆类、盐这些进入农业社会才有的饮食），就能让自己看起来活力十足。

　　但你怎么知道哪种饮食适合你呢？有没有可以持久产生富足感的通用饮食呢？

　　谈到日常饮食，我可是什么都尝试过。

　　翻开美食类图书，你会看到作者承诺的各种好处，比如降低体重，储备能量，令皮肤有光泽，能提升注意力，等等。虽然我认为这些所谓的好处未必都见效，但其中一些还是有一定的道理的。

　　25年前，我扭伤了右脚踝，这几乎使我丧失了运动能力。我喜欢打篮球，但一直痛恨跑步。大学时，我可以轻松起跳扣篮，现在却无法做到了。

　　我喜欢吃豆芽，不喜欢吃蘑菇。说来也奇怪，我还对芹菜过敏。

每个人都有自己的天赋、癖好和讨厌的东西。这道理听起来通俗易懂，但有时候，那些从事健康和饮食行业的人脑子里想的却与大众想的完全不同。

我说的不仅是健康护理系统，以及医生治疗病人的方式，还包括日常饮食、锻炼的思维模式。

特定的饮食或锻炼方式怎么可能适用于所有人呢？

身为一个身高2米，体重100千克，41岁，每周练习数次瑜伽（每次15分钟）的男人，我的日常饮食怎么可能会和一个身高1.6米，体重46千克，22岁，每天跑步3千米的女士的相同呢？

原始人饮食法怎么可能适用于每个人呢？

为什么有人会相信自己的饮食习惯能适用于所有人呢？

事实上，一些对我而言很不错的饮食，对别人可能就不适合了。

我非常爱喝咖啡，也对咖啡中含有能够预防某类疾病的抗氧化剂感到开心。但对我的同事来说，只需一小口咖啡就会让他肠胃不适，所以他从不喝咖啡。

我太太喜欢在日出的时候跑步，而我在一天的任何时间都厌恶跑步。只要一想到出门跑步，我立即就会感到压力巨大。

因此，真正的富足是找到适合你的"生活配方"——发现什么对你有效，什么让你感觉良好，以及你爱什么。

这个发现的过程永不止息。在生命的某个特定时期，某些饮食和运动对你是正确的，但在另一个时期，则可能是不对的。

在整个生命的历程中，我们不仅要找到适合自己的饮食和运动方式，更要学习如何适应那种方式，或者彻底改变它。

我在二十多岁到三十岁出头的时候，经常去健身房，每天坚持举重，还会在椭圆机上练习；三十五六岁的时候，瑜伽对治疗我的背部伤痛起到了重要作用，所以，我每天早上都会练习瑜伽，没再进行其他运动；从三十七八岁到四十岁，我又重新做起了其他运动。

现在，我每周在家中练几次瑜伽，每次15分钟，还会举重2次，每次25分钟，此外，每天还会冥想20分钟。

饮食专家克雷斯·凯斯勒曾热情地宣传他的原始人饮食法，但他也教导我们，在生命的不同阶段，我们的身体需要不同的饮食。

对我们来说，二十岁出头，做个杂食者就不错；但在二十五岁时，我们可能希望自己成为素食者；三十岁时，我们可能会发现，成为素食者只不过是医生的要求；四十岁时，我们可能已经在尝试原始人饮食法了；到了四十五岁时，又可能重新成为杂食者。

这其实就是我自己的经历。

我二十多岁时，在工作日坚持食用低碳水化合物、低糖食物，但在周末，我都是随心所欲地吃喝（我那时喝了不少酒）；三十多岁时，我开始认真地练习瑜伽，同时我觉得成为一名素食者更好，尽管我偶尔也吃肉；接近四十岁时，我开始尝试原始人饮食法，吃大量的炒菜、牛肉、野生三文鱼，不吃生食（因为可能有寄生虫）；到了现在，我又重新回到主要吃蔬菜（炒菜和生食）的素食者状态，而且我也不怎么吃肉了，我的食谱中还增加了各种谷物。

对于偶尔去布鲁克林知名的比萨店——罗巴塔餐厅换一下口味，我也不再那么抗拒了，因为，快乐的感觉不容辜负。

每次吃墨西哥餐时，我特别喜欢一种用胡萝卜汁做的美食，偶尔还会喝上一两杯（或者三杯）玛格丽特鸡尾酒。

有时候，我需要来个炸面包圈，虽然每天都吃一个恐怕不是个好主意，但偶尔奖励自己吃一个也无关紧要。

生活就应该充满乐趣。过度沉迷于节食可能会带来很多麻烦，甚至会造成饮食失调——这是一种不健康的状态。我们的真正目标是在你的饮食以及生活中实现平衡。

必须有人站出来说，答案并不是再吃一粒药丸。

答案是菠菜。

——比尔·马赫

请记住，我们的饮食和身体都在不断地变化。无论何时，只要你感觉自己的身体有些失调了，不管是消化问题、营养匮乏、体重增加、精神倦怠还是丧失兴趣，请聆听来自身体的声音，并调整你的饮食——这很重要。

不要成为那些关于健康的正统观念的"牺牲品"，请转向那些让你感觉良好的饮食，并以开放的心态去适应变化。我们的身体状况在不停地改变，获得富足感的方式也应该随之改变。

不过，我确实赞同我的医生朋友们的观点——加工食品绝对不是理想的食物，比如糖类。

有研究表明，糖类甚至比可卡因更容易让人上瘾，过多摄入糖会让我们变得肥胖，并容易患病。

有一部名叫《受够了》的纪录片，披露了一些关于糖的残酷现实。例如，你知道杂货店里销售的各类食品中，有80%添加了糖吗？你知道一瓶标准的苏打水中，含有16茶匙从高果糖玉米糖浆中提取的糖吗？你是否注意到所有的营养标签中，在卡路里、脂肪、蛋白质的旁边都标有"建议每日百分比"，但唯独没有对糖用量的建议百分比吗？尽管FDA（美国食品药品监督管理局）正在讨论这个问题。

> 如果你总是扭捏作态，就不要指望拥有充满活力的生活。
>
> ——克里斯·卡尔
> 富足理念的积极倡导者，纪录片制片人

你还不相信糖会对你的身体造成危害吗？那么，你应该去看一下2012年4月在《60分钟》里播出的那期节目，主题是

"癌症爱糖"。其中说道："在这个国家，一些科学机构已经发现，糖能导致诸如心脏病、肥胖症和癌症等疾病。"

关于食物，有太多不同的观点，你平时在杂货店的故事几乎能改编成一部连续剧。例如：低脂肪、非转基因、本地的、有机的、天然的、野生的、用草料喂养的、无笼的、无骨胶的、不含奶制品的……（我可以一直写下去。）单单是准备晚餐的购物过程，就能让人感到如此无所适从。

为了帮助你优化这个过程，我这里有一些建议：

保持简单饮食！尽可能地避免麸质食物、糖分和加工食品。

如果食品是装在盒子里的，并贴有标签，尽量不要养成购买这种食品的习惯。最初，你可能会觉得，不去购买加工食品几乎是不可能的，但坚持几周之后，这一切就简单多了。

作家兼富足理念专家马克·海曼博士曾说过："坚持食用造物主制造的食物，而不是人类制造的食物。"

是的，吃真正的食物！你要尽量购买新鲜的蔬菜和水果。如果要买瘦肉，你要确保肉类来自草料喂养的动物，不含抗生素和激素；如果要买鱼，你要确保买的是野生鱼。

不断更新的日常饮食

这些年，流行着一种似乎适合所有人的食谱：低脂肪、低卡路里、无麸质饮食、无糖。尽管各种食谱总是"你方唱罢我登场"，但你的生活方式会永远伴随着你。

吃食物，别吃太多，尽量吃植物。

——《捍卫食物》，作者迈克尔·波伦

实际上，与大众认同的饮食指南相反，让我无法信任的恰恰是食物本身。于是，我决定对食物格外留意。

我想知道我的食物是从哪里来的；我想知道它是否喷了农药，或者是否使用了抗生素；我想知道它是否添加了糖或者谷胶；我想知道它是否属于加工食品；我还想知道那些采摘、收获、生产这种食物的人是否得到了合理的报酬——尽管这个要求有点离谱。总之，我想知道与这些问题有关的所有信息。

没错，有时候，我们不可能找到全部答案，尤其是在餐厅用餐时。因此，当我没有获得全部信息时，我希望能意识到自己正在做出选择。有时候，我选择吃富含糖、谷胶并在工厂里加工而成的炸面包圈，因为它们的口感太好了；有时候，我能从吃到的美味上获得纯粹的、转瞬即逝的喜悦感。但每当我做出选择时，我希望那是遵循我内心的意愿的，而不是让别人替我拿主意，或是违心的。

　　我们的饮食如同旅程，它留下了脚印，也留下了遗产。如果你对饮食毫无顾忌，也没有认知，朋友，这可不正常！
　　——《朋友，这可不正常》，作者乔尔·萨拉汀

　　我们的日常饮食中确实存在垃圾食品，这正常吗？我认为实属正常。

　　人不是机器，因此我们可能是反复无常的。你说的是真的吗？绝对是这样！

　　我怎样才能在偶尔吃炸面包圈与相信糖是很可怕的食品之间保持平衡呢？

　　上句话的关键词是"平衡"。糖应该是"奖励性零食"，而不是常态。"奖励性零食"是你找到平衡感的一部分——它之所以会成为常态，是因为你的留意变成了不用心。

　　无论你选择吃什么，一定要对它用心，那样你才能充分享受你的选择。

找到适合自己的饮食方法

我们怎样才能知道某种饮食方法对自己是无效的呢？

弗兰克·李普曼博士是我在饮食方面的导师之一，也是我的家庭医生。他与我分享了关于饮食的看法。当我持续反复评估自己的身体状况时，他的那些看法对我有着不可思议的帮助。

某种饮食不适合你的五种迹象：

1.你在一天中的大部分时间都感到疲惫、无精打采。

如果你在一天中的大部分时间都感到疲惫或昏昏欲睡，只有依靠咖啡因或糖才能让自己兴奋起来，那么，是时候检查一下你吃的东西了。这很可能是你饮食中的营养不能以应有的方式维持你的体力的缘故，所以，你无法感到精力充沛，反而会感到有气无力。如果你的饮食干净、丰富、健康，你的身体必然会得到滋养，且动力十足。无须刺激物，你就会反应机敏、头脑清醒、精力充沛。比如，我喜欢的能量食物是绿色蔬菜汁、乳清蛋白奶昔、坚果、水果和大份的富含蛋白质的午餐。

2.你的肚子不舒服！相当不舒服！

腹胀、嗳气、便秘、肠易激综合征、消化不良和其他消化疾病，我们大都会认为这些是普通疾病，其实并非如此。你需要马上改变饮食搭配的重要迹象之一就是消化不良。你可能吃了刺激消化系统的食物，这导致你的肠道菌群失衡——你肠道中的那些好菌群可以帮助你消化食物、排泄毒素、调节激素，维持身体的正常运转。当坏菌群过多而好菌群不足的时候，你的身体功能就会脱离正轨，所以要用真正有营养的食物喂养那些好菌群，这非常重要。那些大块头的坏菌群很喜欢麸质食物、酒精、糖和碳酸饮料；好菌群则喜欢发酵食物和高纤维食物，还包括大量蔬菜。另外，你要试着细嚼慢咽，每天要让消化系统休息8个小时（睡觉前两小时内不要吃东西）。

3. 你特别爱闹情绪。

食物对你的情绪也有影响。如果你觉得自己的情绪总是像过山车一样忽起忽落，那可能是你的饮食在影响你。如果你的饮食中糖分、麸质食物、酒精、咖啡因或者其他刺激物的成分过多，那么无论你这一天过得怎么样，它们都会使你的情绪起起伏伏。你会觉得情绪低落、易怒、焦虑。当你能够合理调整自己的饮食时，你就能轻松掌控自己的情绪，因为你身体中那些可以导致情绪起伏的化学成分变少了，你体内的蛋白质、脂肪和粗纤维会保持很好的平衡。

4. 你的皮肤出了问题。

我们身体内部的变化会在外部有所显现，尤其是在你的皮肤上。如果你的皮肤常受到干裂、疮疖、湿疹或其他皮肤问题的困扰，你应该认真审视一下自己经常吃什么食物。我见过许多病人只通过改变饮食就使他们的皮肤状况得到了改善。比如，去除那些麸质食物、奶制品、糖或者酒精。事实上，那些病人采取了更健康的饮食方式之后，皮肤变得有光泽通常是他们早期的收获之一。当他们去除了那些使身体感到不适的食物之后，体内的脏器就会得到疗愈，皮肤则会呈现出健康的状态。

5.你总觉得自己身体有什么不对劲，或是有些懒散。

吃了损害身体健康的食物后，你的免疫系统会超负荷运转。人体免疫系统的70%位于消化道，而消化道中的肠黏膜非常薄——只有一个细胞的厚度。它一旦被糟糕的饮食损伤，那么，在肠道内部的细菌和毒素就会通过被损伤的肠黏膜进入血管，这时，我们的免疫系统就要去对付它们。如果你总是感到身体不适，心情不佳，这很可能是因为你吃的食物无法给予免疫系统恰当的支持。你应该尝试在日常饮食中增加大蒜、发酵食品、益生菌、维生素D、椰子油等。

四种快速解决方法：

1.尝试排除饮食法，发现对自己有刺激的饮食。

如果你想找出哪些饮食会刺激你的身体，破坏你的健康和活力，那么你可以使用排除饮食法——从你的饮食中去除那些常见的过敏原或刺激物。那些最常见的潜在刺激物包括：糖、麸质食物、谷物、大豆、奶制品、酒精等。当你将这些饮食去除之后，身体会很快得到疗愈，大多数人在两周之内就会有明显改善。当你将这些饮食去除之后，如果身体感觉非常棒，这就表明你以往的饮食并没有给予你适当的滋养。

2.开始缓慢地尝试新食物。

当结束了排除饮食法之后，我建议你缓慢地尝试新食物——一次一种，看一下身体对每种食物有什么反应。每次尝试一种新食物之后，你都要给身体两到三天的适应时间。

3.记录饮食日志，监测哪类饮食对你有效，哪类无效。

如果你想弄清楚哪类饮食会让你感觉良好，就要学会记录饮食日志。这种方法是非常有效的。留意饮食给你的身体带来的影响——它让你感到疲惫吗？让你觉得精力充沛吗？让你感到情绪化吗？你觉得它好消化吗？还是它让你感到腹胀？你会头疼吗？你要留心身体和情绪方面发生的变化，并记录下什么饮食对你有效，让你感觉良好。

4.调整你的饮食。

在健康饮食之旅上，重要的事情之一就是对新的饮食方式持开放态度。如果你总是吃谷物和豆类，从不吃肉制品，而你自身的感觉并不好，那么，你可以尝试一种包含高品质肉制品、少谷物的饮食，看看身体有什么反应。如果你每天都以麦片、酸奶或者饼干开始一天的生活，那么你可以尝试用一份早餐奶昔代替它们。寻找那些包含大量蛋白质的食品，比如豆芽和鲑鱼，看看你的身体反应如何。

增加你的生命储蓄：食物

· 谈到饮食，并不存在什么通用之法。我们每个人都是具有不同营养需求的个体。对你的朋友很有效的饮食，对你却未必同样有效。

· 你要留意吃进嘴里的每一口食物。吃东西要缓慢，要懂得享受食物的味道和口感。你吃东西的速度越慢，就越会有饱腹感，也就越能享受美味。

· 当你一不留神吃了垃圾食品时，比如吃了一份炸薯条，也不必过于苛责自己。记住，整体平衡的饮食方式才是真正重要的。

· 你要是还有什么疑虑，那就吃蔬菜吧！

第二章

找到你真正喜欢的运动

在富足的等式中，运动是重要的组成部分。

我们都清楚锻炼身体的重要性。但是，应该做哪种锻炼呢？每天或者每周的运动量应该是多少呢？

有的专家建议每天运动30—50分钟，有氧运动和力量训练交替进行。对于一些人来说，跑步与举重的组合练习堪称完美。还有一些人喜欢混合健身，使用动感单车进行训练，以及高强度间歇性训练（HITT）。

没错，我认为你需要找到自己真正喜欢的运动，只有这样，你才会积极主动地投身于其中。然而，如果你正在寻找某项可以日常练习的运动，正在承受使你无法自由行动的某种疼痛，或者你需要一种简单的减压方法，那么，瑜伽可能就是你通往富足生活的最佳选择。

关于这一点，我可以用自己的经历向你保证。如果只能选择一种锻炼方式，我会毫不犹豫地选择瑜伽。

2009年，股市行情低迷。我东奔西走，试图为自己与别人合伙创立的公司找到资金支持。

我们之所以会落入这般境地，是因为我们的兄弟有机饼干公司（Crummy Brothers）遇到了大麻烦。或者，至少可以说，公司的前景难以预测。而我本人几乎是不停地"在天上飞"。那一年，我飞了二十多万千米里程，拜访了一百五十多家健康食品超市，向他们推荐我们生产的美味、健康的饼干。

压力总是有它自己的释放方式，它在我身体的虚弱部分显现了出来——下背部。

以前打篮球时，我的下背部留下了一处旧伤，它不时发作。平时我还可以通过放松肌肉使疼痛得到缓解，但这次情况完全不同，频繁的飞行（这本身就会使背部受到压力），再加上要把自己两米高的身体塞进狭小的座位，致使座位上的两个圆盘形突出物直接挤压在了我的坐骨神经上。

那种令人难以忍受的疼痛，我至今记忆犹新。步行的时候，还未走出一个街区，我就会疼得不得不蹲下来。严重的时候，仅走几步，我就会疼得不得不坐下来。再到后来，我连短暂地坐上一会儿都会疼得龇牙咧嘴，更别提坐上几个小时了。

不久之后，我再也不能出差了，因此，生计也变得岌岌可危。

床成了我唯一能放松的地方。但即使在床上，我还是承受着极大的压力。每晚躺在床上，我脑子里不停地担心着自己的存款是多么少，而本来前景不错的生意也面临着破产。

健康才是真正的财富，而不是金银。

——甘地

我尝试着采用可的松（肾上腺皮质激素类药）注射治疗，但没什么效果。之后，我又去找了一位专治下背部疼痛的外科医生，他建议我做手术。

我的直觉对我说"不"——大声地对我说"不"。

我依旧把自己当成一名大学篮球运动员——那种很强硬的家伙。我并未把做手术看作一种失败——一些最伟大的运动员也经历过大手术——他们不仅活了下来，还成就了一番事业。但我就是觉得这个建议并不适合我。我疼得非常厉害，但不知为什么，我感觉做了手术之后会更痛苦，而且，我对术后的恢复也感到恐惧。

我的直觉告诉我，一定还有其他解决方案。于是，我开始四处寻找第二个方案。

当第二位专家也建议我做手术时，我的心不由得往下一沉。然而，正当他准备离开检查室的时候——他已经转过身去了，他说了一句："瑜伽也许有用！"

这句话引起了我的注意。

要是在几年前，我肯定对这个建议不屑一顾，但那天我感到很好奇。如果连医生都隐隐约约地对瑜伽持开放态度，也许它真有什么不凡之处。

但我还是没兴趣去上瑜伽课。我简直不敢想象自己会像那些站在垫子上的瑜伽爱好者一样，利用午餐时间去瑜伽馆练习。现在回想起来，这种态度部分是由于我被杂志上看到的那些

"几乎不可能做到"的瑜伽姿势吓住了。同时，我也害怕过度的练习会加重我的疼痛。

于是，我找到了一位理疗师，他教了我几个专门针对背部疼痛的恢复性姿势。第二天早上，我开始在家里练习。我没告诉任何人，倒不是因为不好意思，而是因为当时我并没有考虑太多。我决定采用在篮球场上练习罚球技巧时一样的方法，只把瑜伽当作某种尝试，然后看看有什么效果。

此后，每天早晚，我都会练习瑜伽。在即将登机并坐上那折磨人的座位之前，我也会在机场的等候区练习瑜伽。那肯定是机场中惹人注目的一景——一个身高两米、穿着西装的男人在练瑜伽。

几周之后，我感觉好些了。于是，我又逐渐学习了更多的基础姿势。三个月后，我背部的疼痛开始显著减轻。六个月后，我背部的疼痛彻底消失了。

瑜伽简直就是一种强大的锻炼及修复身体的方法。

不久以后，我发现自己想要更多。

在见了斯特拉瑜伽馆（Strala Yoga）的创始人泰拉·斯泰尔斯和她的丈夫迈克·泰勒之后，我成了他们的学员。他们的课程非常实用，而且一点儿也不令人生畏。

我喜欢他们对动作和呼吸的关注，而不是刻意追求某个姿势。不久以后，泰拉的"休息课"成了我的挚爱。最终，我成了一位站在垫子上的瑜伽爱好者。

健康是一种身体、头脑与精神完全和谐的状态。当一个人没有身体障碍和精神困扰时，通往灵魂的门就打开了。

——《瑜伽：通向整体健康之路》，

作者B.K.S.艾扬格

后来，我几乎每天都会去斯特拉瑜伽馆做瑜伽习练。接着，我又开始积极探索其他瑜伽馆，并受到更为运动化的"Vinyasa流瑜伽"的吸引。这种瑜伽的节奏很快，给我的感觉很棒。

现在，我依旧喜欢泰拉的课程和"Vinyasa流瑜伽"。与此同时，我也喜欢上了凯瑟琳·布迪格的课程。在那里，我们练习头倒立、前臂支撑倒立和手倒立，以此掌握如何协调身体。（尽管我并不热衷于这些倒立姿势，但尝试一下也不错。）

我在全城范围内挖掘瑜伽信息，因为我想尽可能多地接触瑜伽老师和瑜伽流派。

有些人只钟情于一种瑜伽：Vinyasa流瑜伽（这种瑜伽运动性很强，会从一种姿势"流动"到另一种姿势）、阿斯汤加瑜伽（一种要求严格的瑜伽，要求反复重复一系列姿势，直至完美）或恢复式瑜伽（以呼吸和放松为中心的柔和练习）。有些人则喜欢一两位特定老师的课程。

这都非常好！尤其是在刚开始的时候，探索出哪种瑜伽对你的身体最有效非常重要，看看哪个瑜伽馆让你感觉最舒服，哪位老师的课程最能缓解你的疼痛，或者最能帮助初学者。

在那些日子里，瑜伽就是我的一种生活方式——这并不是因为它能让我保持体形或它已成为一种潮流，而是因为它确实拯救了我。

它不仅彻底解决了我下背部不断衰弱的骨骼问题，我身上另一个令人烦恼的问题也得到了显著改善——许多人将它称为"旧运动损伤"或者"上了岁数就会发生的问题"。

我一边肩膀的关节经常错位，痛苦异常。（肩胛骨会一下子凸出来，直到有人帮助复位才会变好。）另一边肩膀的关节则容易脱臼。（肩胛骨会突然凸出来，然后又凹进去——我依旧很痛苦，虽然一般只会疼几秒钟。）

可以这样说，我的两个肩膀的活动空间非常有限。

我做梦都不敢想象自己的左手能向后伸展，并摸到驾驶座右侧的安全带。以前我宁可承受死亡的风险，也不愿感受那种疼痛。练习瑜伽之后，我肩部的活动范围渐渐变大了。虽然我并没有彻底恢复以往的活动能力，但能重新获得部分能力已经让我觉得是奇迹了。

此外，以前每次下蹲时，我都会感到很不舒服。我的膝盖很僵硬，会发出"嘎嘎"的声音，就像一台多年没有上油的机器一样。

这种状况也有所改变，练习瑜伽不久后，我就可以轻松下蹲了。瑜伽中的各种姿势都可以帮助我放松肩膀。随着时间的推移，它还可以让练习者的身体与精神变得更加放松，这真是太神奇了！

更重要的是，瑜伽改变了我的视角。

即使是在事业初创时期那些疯狂的日子里，我也能感觉到自己在放慢节奏，缓缓呼吸。我曾经习惯于雷厉风行——在健身房里举起越来越重的哑铃，在财务乃至事业的阶梯上快速攀爬。但是那种节奏对我已不再有吸引力了。我开始意识到，自己需要练习"放松"，而不是"强求"。

我意识到，若你强求某事——某种事业或某种关系——生活会给予你强有力的反弹。如果你希望自己的生活轻松快乐，就要去尝试着练习放松。当你练习瑜伽时，我并不建议你摆各种姿势，也不鼓励你与身旁的人竞争，而是希望你变成一个更好的倾听者：倾听你头脑的声音、你身体的声音，以及周围世界的声音。

这就是泰拉和迈克在斯特拉瑜伽馆向我介绍的理念。

随着时间的推移，我的生活发生了巨大的变化。

首先，我的饮食改变了。曾经我痛恨蔬菜，但现在我已经吃了不少绿色蔬菜，就连我的朋友们也在我的影响下有所改变。我能意识到人所具有的能量，以及这种能量是如何被耗尽和支撑我们生活的。我沉浸在瑜伽社群之中，与那些一起学习的人成了终生的朋友。

如今，瑜伽已经是我太太科琳与我共享的一种锻炼方式。

我们经常一起去上课，这也使得我们的关系愈发亲密。有时候，我们走进教室的那一刻，两个人还怒目相向，而走出教室时，就已经手拉着手，愿意热情地交流了。

此外，我与自己的身体也越来越合拍，当感觉有什么不对劲儿，或者压力过大的时候，我不再逃避，而是直面问题。我会问自己这样的问题："我的生活中发生了什么？""阻力在哪儿呢？""放松的状态是什么样的呢？""想要获得更多，需要放弃些什么？"

当然，还有其他的运动方式。如果瑜伽不适合你，你还可以选择游泳、长距离徒步、骑自行车、慢跑、舞蹈——任何你喜欢并会坚持的运动，都可以。

> 在身体层面，你可以获得不可思议的健康状态，但是，在灵性方面，如果你不获得连接，你就会缺乏一种整体性。这会破坏你的现实状态，以及成为一个完整的人的潜能。
>
> ——里奇·罗尔

在我三十五六岁，经历着难以忍受的背部疼痛时，起初，我认为是下背部的"零件"出了故障。难道是打篮球留下的旧伤再加上频繁飞行对身体造成了损伤吗？

那时，我还没有意识到，我的头脑与身体是连接在一起的，它们实际上是一个整体，而且，我的头脑要比想象中更强大。我甚至没有意识到自己为了钱而焦虑的事实。我操心着支付账单，忙着为自己的生意融资，更不用说要为我生命中的挚爱——科琳——买枚订婚戒指了。

直到坐在按摩台上，我才将这两者联系起来。当时，我正在自己喜欢的温泉疗养中心——国际橙色疗养中心（简称国际橙）接受疗养。在得知我下背部疼痛之后，我的理疗师建议我读一本名为《脉轮及其原型》的书。

在回位于费尔莫大街公寓的路上，我订购了这本书。我永远不会忘记当我阅读书中有关"根轮"的章节，看到"根轮就位于下背部的区域——它经常会因为人对金钱的忧虑而突然'发怒'"时，是多么震惊。

在那之前，我并不算是个"新时代好男人"，但在那一天，我就成了"新时代好男人"。读得越多，我越了解到在新时代中有关压力和头脑疗愈力量的观点，也了解到与之相匹配的科学依据。

我的旅程才刚刚开始。

相信你能够被疗愈

这场背部的危机发生在我富足旅程的最初阶段。当时，我还没有接触到如今结识的那些精通此道的专家和医生。我也没有花大量时间上网，搜索与坐骨神经痛有关的资料，去阅读那些生活在疼痛中的人们的故事。

当时，我只是想了解一下关于瑜伽的内容。如果瑜伽对我有效的话，我就可以避免做手术了。如果瑜伽对我没有效果，那么，我也只好去做手术。关键是我百分之百相信自己能够康复，我从未认为自己会不能走路。

我就是从那时开始意识到，我相信——"无论怎么样，我都会恢复的"。或许，这正是我得以治愈的真正秘密。

　　当我们不能再改变某种状态时，就面临着改变自己的挑战。

　　——《人对意义的追寻》，作者维克多·弗兰克

时间很快来到了2012年年末，我收到了这样一封电子邮件：

您好！

我是澳大利亚一部新的纪录片《连接》的制片人。这是一部关于现代科学如何与古老智慧相互联系的影片，它旨在证明我们的头脑和身体之间确实存在着某种连接。

这部影片将采访科学和医疗领域的一些专家，我们目前正在找寻有说服力的案例来支持访谈内容。很自然地，我们所进行的调查使我们注意到您和您的故事。我在想，您是否有可能在我们的影片中出现。

在2013年2月的第2周，我们将前往美国采访您。

希望您能接受我们的采访。

祝好！

莎伦·哈维

一开始，我想："这是真的吗？真有人想把我拍进纪录片里吗？"随后，我意识到，如果他们有科学依据来支持"头脑—身体"连接的理念，那这一定是真正强大的东西。

莎伦和她的电影团队来纽约住了几个月，并就我的疗愈过程进行了采访。在此过程中，我对如何治疗自己的背部疾病有了更多的发现。

距离第一次与莎伦和她的团队见面，已经过去了近三年。她的纪录片《连接》在位于旧金山费尔蒙大道的克莱剧场首映。首映结束后，我主持了一场讨论活动。我与电影中提及的相关人士一起享受了这段时光，比如安德鲁·威尔博士、赫伯特·本森博士、欧宁胥，以及一些和我一样的人。

科琳和我都很喜欢这部影片，我们还谈到了一个巧合：影片在旧金山的首映剧场就位于我们旧公寓的马路对面，就是在那里，我的背部疼痛首次发作。在七年前，我还只能蹒跚而行，几乎不能走路。

这是自我们移居纽约后首次回到旧金山——缘分真是奇妙，我们又回到了一切开始的地方。

对我而言，瑜伽（以及对自己能够痊愈的信心）是压力管理和从背部疼痛中走出的关键。对你来说，它可能是快走、慢跑，或者是在健身房锻炼。任何能让你离开书桌（电脑桌）起身运动的事情都是幸福的重要组成部分。坚持下去，不过不必太死板。

常见的几种瑜伽练习

我的瑜伽老师和朋友们都说，人们开始练习瑜伽常见的原因之一就是，瑜伽可以协调他们的身体与生活。

瑜伽的功效之一是帮助练习者释放压力。我请好友、摇滚明星兼瑜伽导师凯瑟琳·布迪格分享了她格外喜欢的四种瑜伽减压姿势。

1.靠墙倒卧式。

这是我超级喜欢、超级爱做的姿势。它能使血流逆转，释放腿部的压迫感，让心跳节奏放慢。做这个姿势时只需简单地仰卧，用臀部压住地板，一次举起一条腿靠在墙面上。你也可以将一个枕头放在臀部下面，让身体稍稍抬高并减少脊柱的压力。保持姿势5—10分钟，用眼罩或者布蒙上眼睛，更能让这个姿势发挥功效。

2.静坐冥想。

坐在地板上，如果你想让自己感觉更舒适的话，也可以把枕头垫在臀部下面。深深地吸气，呼气时吟诵"OM"或是其他让你感到平静放松的语气词，至少重复2分钟。继续保持静坐，注意力放在用鼻子吸气和呼气上，微闭双眼，轻柔地凝视地面。如果你对吟诵不熟悉或者觉得有些别扭，只需深深地吸气，想象着积极的正能量正在进入你的身体，然后彻底地呼气，想象消极的负能量正从你的身体中排出。

3.仰卧旋转式。

我们脊柱上承受的压力很大，不过，我们只需要做几次简单的扭转就可以释放被阻塞的能量。这个姿势可以让人放松、身体下弯，而且十分有趣。身体仰卧，屈双膝收至胸前。双膝并拢，折叠着倒向身体一侧，另一侧肩膀保持着地，同时延展尾椎骨。保持8次呼吸的时间，然后倒向身体另一侧。

4.站立前屈式。

从腰部向前折叠身体，膝盖微微弯曲，双脚踩压地面。双手抓住前臂，轻轻摇摆身体，悬垂双臂，放松颈部。这是一种放松身体和释放压力的好方法。如果你的下背部感到不适，可以进一步弯曲膝盖。如果你的柔韧性很好，还可以将双腿伸直，臀部在脚跟上方折叠。如果你想获得更深入的放松，可以将臀部靠在墙面上，让它帮助你保持平衡和稳定。

增加你的生命储蓄：运动

·谈到身体健康，你必须每天保持运动。如果你痴迷于电视或网络，可以从每天步行15分钟开始，然后不断增加时间，并加快步行的速度。

·瑜伽是一种改善柔韧性、缓解疼痛、应对压力的很好的运动方式。它可以改变你的生命。

·瑜伽有好几种不同的流派，你可以多多体验，看哪种对你最有效。

·无论你决定选择哪种运动方式，一定要确保的是，你喜欢并能坚持，不必太死板。正如提姆·菲利斯在他的著作《身体的四个小时》中写的："你能够坚持下来的'合理'方式总比让你半途而废的'完美'方式好！"所以说，你要找到自己能坚持下来的运动方式。

第三章

找到更富于激情的工作

在工作中，我们所做的一切不仅是为了创造物质财富和维持日常生计，更是为了让自己获得幸福，感到满足。但是，当我们对目前的工作并不满意时，又如何利用时间、资源和精力呢？

如果我们感到过分害怕或是精疲力尽，又怎么能做出巨大改变呢？我们该如何将为了金钱而从事的工作转变为内心真正的富足感呢？在本章中，我将和你探索这些问题。

我希望下面的故事能够说明——为什么将热情融入你为谋生而做的工作之中是如此重要。

> 没有成就感的成功最终就是失败。
>
> ——《释放内在的力量》，
>
> 作者托尼·罗宾斯

那是2014年的圣诞夜，我母亲又一次将我从小住到大的家变成了"梦幻世界"。因为外祖母的去世，圣诞节对母亲来说便意味着要做更多的工作。原先，母亲可以和外祖母一起准备供十五人享用的圣诞晚餐，但现在母亲只能独自准备这一切——这工作量对她而言未免太大了。但即使如此，她仍然想方设法地圆满完成了。

我的表兄弟们，我的姨婆——她是我外祖母的妹妹，还有我的阿姨、舅舅都来了，总共十五人。舅舅是母亲唯一的兄弟，他还是我的教父。在我成长的过程中，有很长一段时间都是舅舅待在家里照看我，陪我做游戏，带我去博物馆。当爸爸不在我身边的时候，舅舅就像父亲一样待我。

弗雷德舅舅精明干练，而且还是个大块头。他身材魁梧，有两米高。我经常开玩笑说，我家到处都是大高个儿——连我家的狗都是巨型犬。

弗雷德舅舅获得了MBA学位，毕业后成了一名商业地产经纪人。他经常去世界各地旅行，而且总是会为我带回件T恤衫。有意思的是，对小孩子来说，类似那样的东西往往具有特殊意义。

弗雷德舅舅快三十岁的时候，在曼哈顿的服装区与几个合伙人一起开了一家熟食店。熟食店的生意特别好，于是他们又开了第二家，母亲则帮忙记账。每过一段时间，我就会跟母亲一起去店里。我很喜欢去那儿，因为我可以想吃什么就吃什么——尤其是那些大块的瑞士三角巧克力。

有一天，弗雷德舅舅在柜台前忙碌的时候，幸运地遇到了他未来的妻子。几年后，他们有了第一个孩子，是个男孩。过了几年，他们又有了一个女儿。大概就在这个时候，舅舅认为自己的家庭需要更多的安全感，于是他又回到了金融行业。

　　无论做什么，弗雷德舅舅都非常努力，而且他总是优先考虑别人的利益。在后来的三十年中，他一直如此。

　　每天早上，他七点离开家去工作，直到晚上九点才回家。他总是穿着一双旧鞋，这倒不是因为买不起新鞋，而是因为当可以给家人买东西时，如果把钱花在自己身上，他就会感觉不好。

　　他从未有过真正的假期，节假日期间，他也闲不下来，经常开着车四处转，察看那些潜在的房产项目。年纪越大，他就越担心自己可能因为年龄而被解雇。其实，他从未被解雇。

　　最终，在七十岁生日之前，他决定退休。

　　在那年的圣诞夜，弗雷德舅舅终于从工作中解放出来了。他终于能够休个假，也总算能自由地把钱花在自己身上，而不仅仅是其他人身上了。他也终于能够享受生活，重新开始旅行了。他可以去阿拉斯加玩，我们刚发现——那是舅舅一直想去的地方。

　　就在那天晚上，我发现身材魁梧的舅舅体重只有不到82千克！当他缓慢地走上楼梯时，竟然摇摇摆摆、步履蹒跚。这个男人曾经那么强壮，他好像可以走进任意一家酒吧与你开怀畅饮。而现在，化疗让他看起来是那么疲惫而憔悴——刚一退休，舅舅就被诊断出患了结肠癌。被确诊时，距离他退休的时间连一个月都不到！

　　他不间断地连续工作了近五十年，终于到达了退休的终点线，在这个过程中，他没有休假，没有关照过自己（我认为他甚至不知道什么是关照自己）。他错过了一切能为他带来快乐的事情，就为了多省下些钱，供养自己的家庭。

但是，如果我们不学会如何照顾好自己，又怎么能照顾好家庭呢？

当我写下这些文字的时候，时间已经过去了一年，舅舅已经转危为安。他开始吃之前没吃过的饮食，我们让他喝鲜榨果汁，吃大量绿色蔬菜。他戒掉了糖，尤其是戒掉了让他上瘾的苏打水。现在，他正计划着去百慕大群岛旅行呢。

他终于拥有了第二次机会，可以开始享受生命，而不是永不止息地工作——那样的生活并不值得我们努力追求。

> 你是自己命运的主人。你可以影响、引导和控制
> 自己周围的环境。你可以让自己的生命成为你想要的
> 样子。
>
> ——《思考致富》，作者拿破仑·希尔

确保你所攀爬的人生阶梯是正确的

很多人都有他们的"弗雷德舅舅"。事实上，我们中的大多数人就像"弗雷德舅舅"一样，正在努力赢得一场错误的比赛。

其实，在此之前，我也是其中一员。

正如我告诉你的，几年前，我为了工作在美国各地飞来飞去。由于我乘坐飞机过于频繁，还获得了航空公司的奖励，这也就意味着我可以从经济舱升级到商务舱。对身高两米的我来说，这种奖励真是太棒了，因为我原本只能坐经济舱。

从第一次升舱开始，我就为之着迷。当然，升舱也有不同的等级。那时，美国联合航空公司（简称美联航）是我首选的航空公司。美联航规定，乘客的飞行里程达到40234千米之后，就可以获得星空银卡；达到80467千米之后，就可以获得星空金卡；达到160934千米之后，就可以成为1K会员。当加入了美联航的1K会员俱乐部之后，你就会拥有全新的飞行体验。

那年，我升舱的速度非常快——如果我持续选择美联航出行，很快就会进入1K会员俱乐部。对此，我颇为兴奋。有时候，我甚至会多花点钱以选择美联航。我甚至有了一种进入1K

会员俱乐部的使命感，觉得自己会进入一个全新的世界。在那里，我的身躯能够在频繁的飞行中得到舒展。

当我的飞行里程达到80467千米之后，我对达到160934千米的飞行里程依旧感到兴奋，但我已经不像刚开始时那么热情了。我觉得，自己就像身处电影《全职浪子》中的场景一样：乔恩·费儒和文斯·沃恩正驱车从洛杉矶前往拉斯维加斯，他们刚起程的时候，声嘶力竭地大喊："维加斯！宝贝儿！维加斯！"然而，长途驱车两个小时之后，你几乎听不见他们再说什么："维加斯！宝贝儿！维加斯！"

我也开始有同样的感受了。持续不断的飞行让我感到疲惫不堪，也让我的后背更加疼痛。没错，我确实需要更宽敞的座位——能够伸伸腿的座位，但因为里程数不够，我只能坐在原来的座位上。

有一天，我看到查理·罗斯采访具有传奇色彩的职业高尔夫球选手加里·普莱耶。作为职业高尔夫巡回赛中身体最棒、最健康的球员，在访谈中，普莱耶谈到自己是素食主义者，也谈到了他的锻炼计划。他谈到有一件事确实加速了他的衰老，那就是这些年的空中飞行。这句话正中我的要害！

当我的飞行里程累积到大约136794千米——马上就要进入梦寐以求的1K会员俱乐部时，我打开笔记本，查看那年还剩下的商务行程。为了加入1K会员俱乐部，我开始查看自己是否可以选择转机而不是直飞。当我开始制订自己的飞行计划时，由于后背的疼痛，我不由得抽搐了一下。

突然间，我一下子清醒了过来。我想：等等，我为什么非要飞够160934千米呢？这简直让人筋疲力尽，几乎要把我弄垮了，我的背痛越来越严重。长时间以来，我一直朝着这个目标努力。但当我几乎要实现这一目标时，我忽然意识到，这个目标根本就不值得自己去实现——它严重影响了我的健康和幸福感。最重要的是，我为了获得更多的里程数，竟然会在有直飞航线时去查看中转航线——这简直是疯了！

那年，我没有进入1K会员俱乐部。尽管因为工作，我还是要乘坐飞机，但我希望自己永远都不要达到那个里程数。

我只是在讲述自己的飞行经历。但这正好隐喻了我们的生活和职业选择。如果我追求的是这样一条职业路线——每周需要埋头苦干八十多个小时，一步步攀爬通往成功的阶梯，以期获得升职，二十年之后达到事业高峰……可那又如何呢？如果在经历了这一切之后，我意识到自己登上了错误的阶梯，该怎么办？如果我花了毕生时间，追求的却是一个不会带来成就感的目标——一个对我来说根本不正确的目标，那又有什么意义呢——那只是个错误罢了。

> 我们的工作并不是将自己塑造成想象中的理想人物，而是要找到我们究竟是谁，然后成为那个人。
>
> ——《艺术之战》，作者史蒂文·普莱斯菲尔德

人们经常会发现，自己正在攀爬错误的阶梯。坦率地讲，我并不知道是否有轻松的解脱之道——从那个众所周知的阶梯上下来，或者决定不再参加那场比赛——尤其是当你已经取得了一些成功时，那是很困难的。

你怎么知道自己应该什么时候从错误的阶梯上下来呢？身体上的病痛（例如背痛的发作）是提醒你工作压力过大的信号之一。

压力总是与我们如影随形，当压力过大时，它的性质就会改变。它会以不同的方式显现出来，而且还会攻击你最为薄弱的地方。压力可以表现在外部，尤其是你身体上的薄弱部位。每当我觉得压力过大时，我的左肩关节部位就会抽搐。如果我旅行压力过大或者睡眠不足，寄生虫（微生物群落）就会折腾我的肚子，胃也会变得极为敏感。

每个人的生命中总会有压力，所以你必须知道如何应对它。但是，当压力看起来无穷无尽，而且总是与工作相关时，也许，你是时候考虑走下那个"仓鼠转轮"了。

工作压力过大的迹象包括：入睡困难，每天害怕去办公室，上班时胡思乱想，或者感到压抑，等等。你也许会无缘无故地怨恨老板或者同事，也许会幻想其他人的工作和境遇，也许会想象着自己要承担多少责任。不过，你需要做出重大改变的关键迹象是，大多数时间你都不开心。

如果情况果真如此，你应该重新检查一下自己的职业选择了。你甚至应该重新开始，尝试进入完全不同的职业领域。

　　但在你决定重新开始之前，你必须深入自己的内心，回答一些重要的问题。你如何知道是时候问自己这些问题了呢？我觉得这是显而易见的。你哪怕是稍稍有了这样的念头，感觉自己工作的地方可能并非真正应该工作的地方，你就应该问自己这些问题了。如果不是，这个念头就不会对你有那么大的影响。

　　流连在书店自助阅读区的经历——尤其是像阅读《你的降落伞是什么颜色》《艺术家的方式》《流动》《激发心灵潜力》等畅销书的经历——极大地帮助了我。不过，你要确保自己并不是"这山望着那山高"。

　　如果你对自己的职业生涯基本满意——而不是一想到要去办公室就觉得糟透了——那就说明，你目前的工作对你来说还不错。

　　你真正想从生活中得到的是什么？

　　什么能让你开心？什么不能让你开心？

　　职业满足感对你来说意味着什么？

　　你如何通过这种方式支撑自己的生活或者家庭？

　　停下来问自己这些问题，然后采取行动，但这并不能保证那扇正确的门就会立刻为你敞开。这可能要花上几年时间，比如，我就花了七年时间。

　　但我可以向你保证，如果你真正倾听了自己内心的声音，并且付出了应有的努力，找到了自己想迈上的职业道路，那扇

正确的门就会出现——你将跑着通过那扇门，以更多的热情去
实现自己的目标，取得你以前想都不敢想的成功！

当幸福的一扇门关闭时，就会打开另一扇门。但
是，我们总是长时间盯着那扇关闭的门，而没有看到
那扇已经为我们敞开的门。

——《珍爱此生》，作者海伦·凯勒

有时，你必须学会放慢脚步

我们的世界每天都在飞速发展。有时，我们在一天内完成的事情比有些人一周内完成的事情还多。我们争分夺秒地参加一场又一场会议，甚至将社交日历排得满满的。我们还可以在上完了周末上午的健身课之后直接去赴约，然后匆忙地吃完午餐，接着赶去下一个地点。

我们是如此擅长把事情完成，而且会快速完成。我们左右逢源，八面玲珑；我们努力工作，尽情玩耍；我们是自己的世界的主人，要么淋漓尽致地生活，要么干脆不去生活。

我觉得这种态度是大错特错的。每个想通过强力和速度取得成功的人，他们都没有做对。我们当然可以这样把事情完成，但是，我们的生活会因此变得更加艰难——我们对自己的头脑和身体都太苛刻——这可不是什么陈词滥调，我们真正需要做的是放慢自己的脚步。

如果能学会放慢脚步，我们就能以更少的付出，获得更大的成就。有两种实践方法可以帮助我们慢下来：瑜伽和冥想。

你也可以选择长距离步行、写日记、听让自己放松的音乐、睡上一觉、做拉伸运动、阅读喜欢的小说、在大自然中放松身心等方法。

有时候，对我有效的方法不一定对你也有效。

正如从裂缝中穿过的水流一样。不要过分自信，要去适应周围的环境，这样你就能穿行而过或者找到一条别的出路。你的内心，如果不再有什么东西保持强硬的状态，那么，外部的事物就会显现。

将你的大脑清空，进入无形的状态，就像水一样无形。你将水放进杯子里，它就成了杯子的形状；将水放进瓶子里，它就成了瓶子的形状；将它放进茶壶里，它就成了茶壶的形状。水可以任意流淌，也可以摧毁一切。成为水吧，我的朋友！

——《截拳道之道》，作者李小龙

回想一下发生在你生命中的所有奇妙的事情。例如，遇到你的挚友或伴侣，或是找到梦想中的工作。问一问自己，你为了实现这其中的任何一个目标，用了多长时间，又付出了怎样艰苦的努力呢？

可以确信的是，一切就那样发生了。无论上一段关系的破裂多么令你心碎，你都要从中获得成长，并为遇见你的灵魂伴侣做好准备；在办公室里加班，从而使你比公司其他任何人更快地升职——我相信你都为之付出了努力，也为下一段人生打好了基础。

在工作中，每当我感到自己停滞不前——再也无法取得任何想要的进步，或者面临某种精神障碍时，我就会发现，那种突破困境的力量源于一种"推动"与"放手"之间的平衡感。

我会一直努力促进事情向前发展，直至达到某种特定的状态，如此，我才会彻底放手。我花了数年时间才找到这种完美的平衡，才清楚地知道该何时出去散步，何时进行冥想，何时去健身房，何时干些能让自己头脑清醒的事情。

当我达到这种平衡时，我也会刻意地确立下一个目标。我会对自己说——我已敞开心扉接受那个正确的下一步，无论它是什么。

当网站最初的三名员工和我一起搬到崭新的办公室时，我希望一切都会顺利。那一天，我希望每个人都能感受到自己是某种特殊事业的组成部分。于是，我准备好名片、笔记本、钢笔、新的电脑和人体工程学座椅。但是，我先前订购的办公桌实在太糟糕了，而我仅剩下不足四十八小时进行替换。

我几乎崩溃了，觉得这件事会给新的团队成员留下坏印象。毕竟，他们离开了原来的公司（减少了收入），冒险投身于这样一个初创企业——一个连像样的桌子都没有的企业。

恐慌了几分钟之后，我决定采取行动。我来到纽约的鲍厄里街，五分钟之内就找到了新的办公桌供应商。比起我们以前订购的，他提供的桌子质量更好、价格更低。从此以后，我们一直从他那里购买办公桌。我开始相信，无论发生了什么，一切都会好起来的。

　　快乐比金钱更难得。那些觉得金钱会让自己快乐的人根本不知道什么是快乐。

——大卫·格芬

　　我的意思并不是说你应该有所懈怠，而是说你需要选择真正重要的事情，而不是对每件事都绷紧神经。这正是包括我本人在内的众多人所面对的挑战。

　　我们工作得越来越努力，越来越快捷，如果有一扇门打不开，也会想尽办法破门而入。其实，如果我们更加灵活地工作，完全可以轻易地开启另一扇门。真正困难的是找到平衡——我们要分清事情的轻重缓急，但不要让自己身陷困扰。

努力工作只能将你带到这么远

即使一天工作十六个小时，也不意味着你利用时间的效率就高。我们中的大多数人——除了那些极为幸运的人，要想成功就必须努力工作。但是，如果你不能做到井井有条，提高效率，也只是在浪费时间罢了。

在众多企业文化或社会圈子之中，似乎都会为那些工作到深夜，甚至通宵达旦的人颁发荣誉奖章。

在某些工作中，当你面临一个严格的截止日期时，熬夜工作虽然不受欢迎，但那是不可避免的。幸运的是，我们大部分的时间规划并非如此，也没那个必要。

当关注自己擅长的事情时，我们往往能创作出很好的作品，并且能很快完成。但如果我忙着做自己并不擅长的事情时，我的工作速度就要慢得多，效果也乏善可陈。

有时候，你不得不去关注那些并非自己强项的事情，但只要有可能，你应该尽量让团队里其他更适合这项工作的人去完成它。

如果你是有员工为你工作的经理或者企业家，学会授权就是高效管理的重中之重。起初，你可能需要对所有事情亲力亲为，但当责任或者业务明显增长，而你又雇了其他人的时候，你就必须放弃一些事情——尤其是那些你并不擅长的事情——改掉亲力亲为的习惯。否则，你就会发现，自己的工作比以往更辛苦，耗费的时间也更久。

那么，你如何才能知道自己是在聪明地工作，还是在盲目努力呢？对我来说，关键就在于发现自己的强项在哪里，并找到自己的心流。

> 当我们能够为了某项活动本身，而不是为了某种不可告人的动机而自由行动时，我们就比以往更能成为自己。当我们选择了一项目标，并全神贯注地投身于其中时，无论做什么都是令人享受的。而一旦我们体会到了这种喜悦，就会付出加倍的努力，以期能再次感受到它。这就是自我成长的过程。
>
> ——《心流：最优体验心理学》，
> 作者米哈里·契克森米哈赖

怎样才能发现自己的心流呢？这里有个例子。

一天晚上，你工作到深夜两点，正在努力优化一个无法按照你理想的方式进行累加的财务模型，这可能是会计或者数学专家该做的工作。或者，你正在做另一件事——撰写一篇令自已兴奋不已的文章，也需要你干到深夜两点。在这种情况下，文字会自然地流淌而出，你可能还没有意识到，时间就已经过了六个小时。没错，你今天的工作时间依旧很长，但这两者的区别很大。

你发现了自己的心流，即那种时间几乎停止的状态，你完全被自己正在做的事情所吸引。程序员在编程的时候，往往会身处心流之中；艺术家在绘画时，音乐家在作曲时，任何人在做他们真心喜爱的事情时，都会感到自己正处于心流之中。

> 环顾商业发展的方方面面，我们曾经用日历计量日程表，现在却要用计时器来计量了。那么，我们如何才能跟上节奏呢？简而言之，就是"心流"——越来越多的证据也说明了这一点。
>
> 在技术层面，它的定义是，我们感受到自己状态最佳、表现最佳的一种意识层面的理想状态。这个词恰恰得名于它带来的感受。
>
> 在心流之中，我们对手头的工作是如此全神贯注，其他任何事情都销声匿迹了——知觉与行动浮现出来，我们的自我意识消失了，时间感也扭曲变形了，但我们的表现却超凡脱俗。
>
> ——史蒂文·科特勒，记者兼
> "心流基因组计划"联合创立人

当你找到自己的心流时，你其实并不是在工作，也不是在强迫自己工作，而是彻底沉迷于创造与专注之中。找到你的心流，你就能创造出此生最伟大、最有成就感的作品。把注意力放在你正在做的事情上，而不是每隔五分钟看一下手表，或者做其他事浪费时间。

时间是我所拥有的最伟大的资源，好好享受它吧！

向前三步

如果你正在寻找自己梦想中的工作，或者想改变自己的职业生涯，那么，你需要预见未来，让自己不断前行。与此同时，你也要铭记自己的最终目标。

我太太科琳就是利用战略性的职业转换，最终成就了自己梦想事业的完美范例。

科琳原来从事的是时装和零售行业，她在"老海军"和"香蕉共和国"（均为服装品牌）工作了七年。和我一样，科琳对富足的理念充满热情，并且想离开时装行业。于是她去了沃尔玛，在那做高级采购。现在，任何看过科琳简历的人都不会把她当作只在时装行业工作过的人。

在沃尔玛工作了一段时间后，科琳又进入了亚马逊公司，她在那负责女性服饰频道的时装限时抢购项目。尽管这个职位贴着时尚行业的标签，但实际上它属于电子商务。

再后来，当纽约一家很有前途的果汁公司寻找精通推销、采购和电子商务，并且还了解如何建立规模化的高效运营系统的精英人才时，科琳凭借着在沃尔玛和亚马逊的工作经历得到了这份工作，并最终实现了富足。

对此，科琳感到兴奋不已，但这份工作对她而言却是个灾难。在自己充满热情的领域中找到一份工作，尽管并不一定是灵丹妙药，但它依旧使科琳离她梦想中的职位更近了一步。上面那些工作可以算是"前面的三步"，但她最后的，也是最好的一次职业变动就是到mindbodygreen网站来工作。

这算是"任人唯亲"吗？也许吧，尽管我对科琳的要求要比以往聘用过的任何员工的都高。

在mindbodygree网站刚刚成立的日子里，通过上夜班和周末工作，她为公司做出了极大的贡献（她坚持了三年时间）。

随后，她又作为不拿薪水的全职实习生工作了两个月。之所以这么做，是因为她想向团队证明，她能完成规定的销售量，并实现个人的收入增长。此后，她还接受了大幅度降薪。但她仍然要比公司的其他任何人都辛苦。

预见未来的三步，不仅在职场中是个好办法，在生活中也是一样。为了获得某种特定的技术，你必须要学会某种方法，或者为获得一份特定的工作而制订战略，这将使你更接近自己的最终目标。

你能采用的一个最简单可行且免费的办法是，使用领英（LinkedIn）。你可以从这里找到那些正在从事你梦想的工作的人，并了解他们是如何实现目标的。

有些人的职业道路一帆风顺，他们在职业生涯的初期，就专注于自己要奋斗终生的那个领域；还有些人的职业生涯则曲折有趣，你可以通过他们了解到各种职业。

尽你最大努力去寻找这些人，然后通过一位共同的联系人，将自己介绍给他们。你会惊讶地发现，这种方式是多么简单有效，人们又是多么容易接触，尤其是当你们通过一个共同的熟人发生联系时。

马尔科姆·格拉德威尔在《引爆流行》一书中谈到"弱关系"的力量，很多像领英这样的职业网站都是"弱关系"的宝库，它们可以帮你起步。也许，帮助你找到下一份工作的并不是你最亲密的朋友。恰恰相反，你朋友的朋友有自己的人际网络——你的弱关系会在你找工作时成为你最强大的助力。

当你详细考察类似领英这样的网站，并开始预见自己职业生涯未来的三步时，我打赌，你一定会被职业道路和背景的多样性所鼓舞。同时，你也要意识到，指引你走向理想职位的未必是你的第一份或第二份工作。

让你的热情与职业生涯相吻合

我很喜欢阅读像奥普拉·温弗瑞、理查德·布兰森、史蒂夫·乔布斯这样的成功人士的故事，因为他们不仅取得了巨大的成就，还如此热爱自己的工作，对工作的各个方面都满怀兴致——我想要的正是这样的生活。

我希望创立一家让自己充满热情的公司——一家鼓励人们更好地生活的公司。我也热爱媒体，想拥有创造性的自由。我希望自己能成为某件事情的一部分，而这件事情能够体现我是怎样的一个人。

2002年，当我首次决定成为一名企业家时，我根本不知道该如何实现这一目标。我曾创立过具有某些特质的企业，也加入过类似的企业，但这些经历和经验还远远不够。我将每一次的经历都视作能让我学习，并帮我创建规模更大、更具前景的公司的机会。我花了十年时间才找到它。

但是，如果从第一天开始，我就痴迷于发现自己梦想中的事业或者梦想中的工作，那么，我也许永远不会找到它。

在特定公司的特定职位上，我们很容易就稳定下来，但这一切都太狭隘了。首先，如果那个职位对你来说是错误的，或者那个产品对市场来说是错误的，你该怎么办呢？其次，你从事目前工作的动机究竟是什么呢？更可能的情况是，如果你希望创立一家公司，那么你是想为大家解决某种问题呢，还是希望获得创造力或财务自由？

如果你想要找的是公司内部的某一特定职位，那么，你真正渴望的恐怕是那个职位带来的责任感和成长空间。而如果你想要的仅仅是身份和职位，那么，你努力的动机就是错误的。

> 只有那些冒险走得更远的人，才可能发现他们究竟能走多远。
>
> ——T.S.艾略特

在你开始考虑创业或者努力获得升职之前，请想明白你到底想得到什么。你要反省一下这个事业或者职位所具有的特质，并知道自己想学到什么，想遇到谁，想构建什么……

切记，千万不要沉溺于幻想之中，因为幻想出来的场景会轻易地出现在你的脑海中。如果你这么想，那么你可能要用毕生的时间去等待一个永远也不会到来的结局。但正如我前文提到的，学会未雨绸缪，这会使你实现梦想的时间大大缩短。

未雨绸缪意味着你应该关注自己想从职业生涯中获得什么，如何通过你的工作创造价值（以及你将怎样挣到钱）。当然，你要随时根据情势变化做出相应的调整。不要成为那种非但不得其所，还将自己困住的人。

一些最成功的职业生涯和企业都是不断调整的结果。你知道Instagram（照片墙）的前身是安装在游戏装置上的签到应用Burbn（波本）吗？ Burbn的表现并不好，于是，其创始人对这款产品进行了整合，取消了其除分享照片之外的全部功能。然后，将它改名为Instagram，并重新投入市场。以后的故事你都知道了。

这就是为什么我们不应被某个特定的思想困住。

> 你的时间是有限的，所以不要把它浪费在过别人的生活上。
>
> ——史蒂夫·乔布斯，2005年6月12日
> 在斯坦福大学毕业典礼上发表的演讲

如何找到理想的工作

我的好朋友斯科特·麦金利·海恩——Loomstate（纺织科技公司）的创始人和首席执行官，对如何找到理想的工作提出了他的建议：

无论我们寻找理想的工作的方法是什么，寻找职业快乐的心态都是人们最根本的目标。

将工作转变为娱乐并从根本上服务他人，同时减少他人的痛苦，这是一个人能获得的最高收益。每个人都有独特的品质和愿望，都可以把自己的旅程变得与众不同。

我个人的指导原则是，努力在自我表达和自我牺牲之间获得平衡。最终，当我们不断发展自己（学习），成为具有强大恢复能力的个体时，当我们的个人贡献获得认同时，我们就成了最具幸福感和成就感的人。

请停下来感受一下自己的职业满足感，并在必要的时候将它调整到正确的轨道上，这是一种健康的生活方式。

如果你对自己真诚，并且以一种审慎的方式生活，那么，你就可以轻易地找到各种迹象——它们表示现在需要改变，或者告诉你目前你正处于正确的位置。

有一种方法是对一些基本问题进行评估：这一系列问题会使你最终到达那个关键的、指导行动的决策点。试着启动你的"职业GPS"，了解你目前的位置。你甚至可以从更为极端的问题开始，并针对自己的各种愿望的细微差异而努力。

试着问自己以下这些问题：

你擅长什么？在未来的5—10年，你希望自己处于什么状态？哪种生活方式最让你感到幸福？

你想去哪里工作？你希望自己周围是哪类人？你现在是为"强盗大亨"般的资本家工作吗？你每天害怕去上班吗？

你是否与自己所工作的公司、所服务的客户有着相同的价值观？你是如何达到目前的位置的？（你是被猎头挖来的，还是自己找到这个职位的？）

你需要养家糊口吗？你有大笔债务或者学生贷款要偿还吗？（也许这些因素会限制一个人的选择，但是，永远不要在基本原则和道德方面做出妥协。）

你是否喜欢自己目前所做的工作，或者觉得"这只是一份工作"，同时经常梦想着干点别的事情？

当你开始审视自己在什么地方跌倒过，以及自己如何回答这些问题时，你将会朝着令你满意的方向调整职业规划。

在从工作中获得的满足感、成就感与个人生活之间取得平衡，这既是一门艺术，也是一门科学。通过审视自己的基本需求，我们可以将相关的选择和偏好按优先性排序。

那些努力想从职业生涯中真正获得什么的人，在生活中通常更能感到幸福。这是因为，在评估了自己的工作状况之后，他们能有计划地采取行动、做出改变，从而获得更好的生活。

增加你的生命储蓄：工作

·当你的身体在重压之下出现问题时，那可能就是你需要脱离那种"老鼠赛跑式生活"的征兆。这表明在职业生涯方面，你需要探索对自己更有意义的事情。

·你需要努力工作才能获得成功，但是，如果你不能更高效地工作，那就只是在浪费时间罢了。

·如果你正在努力为自己的职业生涯而奋斗，一定要牢记自己希望实现的最终目标是什么。如果你是企业家，一定要知道你希望从业务中获得什么，以及如何创造价值（你将如何赚到钱）。无论你处于这两种情况中的哪一种，都要做好随时做出调整的准备。

·当你正利用知识和创造力完成某项任务时，让自己处于心流之中。在那里，你将拥有最愉悦的心理状态，能够高效地工作——当你意识不到时间的流逝时，你就已处于心流之中了。

第四章

相信自己

通常来讲，相信自己是获得事业、爱情和生活成功的一个重要因素。实际上，这也是让我们实现富足的基石。

但是，当事情看起来并没有朝着我们期望的方向发展时，我们该如何继续相信自己呢？当我们在学校、工作或者与他人的关系中做出的努力并没有取得效果时，我们又该怎么办呢？我们该如何扭转局面呢？

视觉化，是一个人选择相信自己的重要组成部分，它由三方面组成：相信、看见和行动。（我将在本章对这三方面进行介绍。）

相信你能做到，那么，你已经成功一半了。

——西奥多·罗斯福

相信自己，你现在的状态就是人生的正确状态，你所处的位置也是你需要处于的位置。这并不是宿命论，或是劝你放弃努力，而是让你接受这样的理念：尽管我们还没有完全意识到人生的拐点，但造物主对我们早有安排。

即使你不信仰造物主或某种精神，普通的乐观主义思想也能支持你的观点。即使你不是乐观主义精神的信仰者，你也应该重视伊利诺伊大学2015年的这个调查结论：与悲观主义者相比，拥有乐观主义精神的人，心脏状态良好的概率要高出两倍。

可见，乐观主义至少能让你的心脏更强大。

> 唯有回顾过去时，你才会明白那些点点滴滴是如何串在一起的。所以你得相信，你现在所体会的东西，将来终究会连接在一块。
>
> ——史蒂夫·乔布斯，2005年6月12日
> 在斯坦福大学毕业典礼上发表的演讲

让我失望的是，生活中曾多次发生这样的事情：我看好的机遇并没能为我所用，到了最后，我却把握住了一个更大的机遇。直到那时，我才意识到一切都是最好的安排。

连接那些"点"，情景一：

第一次看《动物家园》时，我还在读高中，我一下子就爱上了这部电影。我觉得大学生活就应该像电影中展示的那样，是个永远不会结束的大聚会，大家吃吃喝喝，结交朋友。

那时我是高中篮球队的核心人物，一直想去达特茅斯学院打球。达特茅斯篮球队的总教练很看好我，想把我招入麾下。

他和他的高级助理甚至开车南下，劝说我母亲要我报考那所大学。然而，让我纠结的是，在常春藤联盟大学中，那些入选的运动员依旧要提出申请才能被录取，而在那些不属于常春藤联盟的大学中，被选中的运动员只需在点名簿上签个名即可。我并没有等到4月向愿意录取我的常春藤大学提出申请，而是孤注一掷地选择了达特茅斯学院，因为教练保证说我必进无疑。

但情况并非如此，由于学习成绩太糟，我没有被录取。所谓的学术指标包括班级排名、SAT（美国学术能力评估测试）成绩和个人成就得分三部分，这是常春藤大学用来确定一名运动员是否能在学业上达标的公式。

当时，我感到非常震惊，而现在的我则对自己没有被达特茅斯学院录取感到高兴。因为我来自距离纽约很近的长岛，讨厌去新罕布什尔州的一个不知名的地方生活，我也不会喜欢那么保守的一所学校。我后来意识到，要是自己真去了达特茅斯学院，肯定会痛不欲生的。其实，对我来说，哥伦比亚大学才是理想的选择，而且它离我家也很近。

我要是没去哥伦比亚大学，就不会遇到我的太太科琳（和我一起上大学的朋友也认识她，是她妹妹介绍我们认识的），也不会结交那么多有趣的朋友，有那么多奇妙的经历。当然，在当时的情况下，没能进入达特茅斯学院对我是个巨大的打击。

只有当我回想这一切的时候——将那些点点滴滴串联起来，我才能清楚地意识到——那其实是非常幸运的一件事——在达特茅斯学院和哥伦比亚大学之间做出决定确实重要，但对那位17岁的少年来说，这简直就是命悬一线的大事！

> 别当"马后炮"。
>
> ——佚名

连接那些"点"，情景二：

大学二年级和三年级的暑假，我在华尔街找到了一个实习生的职位——在保诚证券公司的固定收入交易大厅实习。我在阅读了迈克·路易斯的《说谎者的扑克牌》之后，感觉那里正是我想去的地方——那本书中描述了20世纪80年代所罗门兄弟公司进行自由债券交易的故事。

我痴迷于债券交易员华丽的生活方式，更不要说他们挣的钱了。无论以世上哪一种标准衡量，债券交易员都要比大街上的其他人看起来更精明、更成熟，他们的思维方式、着装方式，甚至是他们走过交易大厅表现出的那种神气十足的样子都能证明这一点。不论怎样，对于一个22岁，没有什么生活经验的年轻人来说，他们看起来就是这种"高大上"的形象。

在哥伦比亚大学的最后一年，我去了华尔街的各大公司应聘初级债券交易员职位。然而，我的成绩太糟糕，以至于经常连面试的第一轮都不能通过。我曾经天真地以为，既然这些年我是努力训练的大学运动员，那么，我糟糕的成绩并不会对我产生什么不好的影响。但是，我错了。

有一次，我进入了摩根士丹利公司的最后一轮面试，在那里，我面试了一整天，一轮接一轮的面试从早上八点一直持续到下午五点。除了一位女士之外，其他十二位面试官对我的感觉都不错。那位女士一直把注意力集中在我糟糕的成绩上，但是我有种感觉，她的意见举足轻重。果然，他们最终没有录取我。

直至1998年5月毕业时，我依旧没有找到工作。无奈之下，我一面寻求哥伦比亚大学的校友们的救济，一面坚持应聘债券交易公司的职位。对于人生的下一个阶段，我感到异常兴奋，甚至还买了五套并不昂贵的西装。我猜想，从自己被某公司雇用到上班之前，恐怕不会有什么时间去购物，所以这一做法应是明智的。但是我没料到，事情发展的结果是，我根本就用不上这些西装——过一会儿再谈它。

我一直把保诚证券公司当作我的退路，要知道，我曾在那里实习过，大家也都很喜欢我。但当时我并不想在那家公司工作，因为它并不像其他公司那么声名显赫。那时我确实需要一份工作，于是我开始与债券交易部门的负责人联络。前一年实习时，我和他成了朋友。我们已经谈到了交易助理的薪水，年薪2.8万美元，不过他说还要走些流程才能给我这份工作。

交易助理并不是交易员，而是交易员的影子，一边做些繁重的事务性工作，一边学些交易的窍门。基本上就是个打杂的，只不过称呼上好听些罢了。在这个职位上，你要干满两年，到时候，如果大家觉得你干得不错，才会允许你正式参与交易。这并不是我心目中开启职业生涯的理想选择，但我实在太想工作赚钱了。

当时，我还和妈妈一起住在郊区的家中，而我的大学校友们已经开始他们生活的新阶段了：住在曼哈顿，做着一份高薪工作，去高档餐厅就餐，参加聚会。（在我看来，这些可能是离家独立生活最吸引人的地方了。）

我存了1000美元，这可算不上金融储备。我的朋友们都很慷慨大方，一起外出时总是替我付账。但我想要独立，我可不希望成为他们的负担。我只有在一个人的时候，才会感到极为无聊。我甚至每天都去健身房锻炼，让自己忙碌起来。我还花时间在本地书店里研读金融书籍，可这一切都还不够。我迫不及待地想开始新生活，但无论我多么努力，事情都没有任何进展。

每周，我都会和交易部门的负责人联系，但每次他都告诉我说："还在等批准。"几周时间就这样过去了。后来，几周变成了三个月，而我还是没有收到工作通知。那时，我并不知道发生了什么事——随着大型对冲基金——美国长期资本管理公司的垮台，整个债券市场已彻底崩溃。最终，美国政府动用了36亿美元的贷款救助一些长期资本管理公司。

与此同时，保诚证券公司的整个债券交易业务也都被毁了。这种局面席卷了华尔街，大家都在努力应对长期资本管理公司的财产转让以及市场上的层叠效应。

这些都意味着我成为债券交易员的职业梦想还未开始就结束了。

此时，已经到了9月，我找了四个月的工作。在此之前，我充满了紧迫感，而现在则是日渐绝望。我疯狂地参加各种职位面试，想尽快找一份工作。我面试过一家商业房产公司，但他们的职位的入职时间太晚，我不想再等下去了。我还面试过一份销售复印机的工作，那位招聘经理扫了一眼我的简历，然后看着我说："你并不想要这份工作。相信我！你应该在其他地方工作。"

在这段时间中，我的三位大学同学已经在从事自营交易的中心证券公司开展证券交易了——这份工作基本上就是在不与客户接触的情况下，对其公司的资金进行交易。在那里工作，你可以全权进行交易并挣到钱，就这么简单。你的奖金是没有商议的余地的，它全部体现在损益表或是盈亏账目上——你为公司赚的钱越多，你自己挣的钱也就越多。

这对那种急迫地想要开始挣钱的人来说非常有吸引力。我的朋友们都做得不错，他们都在第二年挣到了六位数的薪水。

我从未想过申请中心证券公司的职位，我的朋友们之所以选择去那里工作，是因为不必穿制服，而且有完全的自主权。

这地方完全是知识精英荟萃之地，你父母是谁，或者你属于哪个社会阶层都不重要，这里也完全没有政治上的争权夺势。他们只在乎你有多么聪明，多么有竞争力，以及你赚钱的能力有多强。简单地说，他们就喜欢来自常青藤联盟的"运动员"。

　　考虑到我的工作还是没有进展，我决定面试中心证券公司的职位。了解得越多，我就越觉得这份工作就是为我准备的。这份工作的起薪比大多数华尔街公司的都高，而且我也喜欢在三个月之内就能进行交易的制度——要知道，在其他地方，我至少要花两年时间去打杂。

　　11月，中心证券公司雇用了我。我参加了获得交易执照所必须的第7和第63系列考试，并于1999年1月4日正式开始工作。那年我赚了7万美元（4万年薪，3万佣金）。2000年，我赚了超过80万美元（4万年薪，76万佣金）。

　　如果当初我得到了保诚证券的工作，那么，一年之后，当整个交易大厅陷入慌乱状态时，我就会被解雇。如果当初我被那些知名债券交易公司录取了，那么，在前两年我永远都不可能像在中心证券公司时那么成功。如果我从交易助理的职位起步，至少要花五年时间才能赚到那么多钱。

　　挣钱的确是件好事，但这并不是这个故事的主题。更重要的是，我用了更长的时间才意识到——钱并不能买到我所寻找的幸福。我也将用更长的时间才能找到自己的目的，找到新的生活道路和激情。

　　我要因为那些没有被回应的事情而感谢造物主！或许，正如史蒂夫·乔布斯所说，当你前行的时候，是无法将那些点连接起来的；你只有在回顾过去时，才能将它们联系起来。

在我的生命中，曾经无数次被拒绝。我非常想朝着一个方向努力，然而无论多么努力，始终都不能如愿。这就好像我原本想撞开一扇紧闭着的大门，但在它旁边其实就有一扇门能让我轻松进入——门上甚至有我的名字，但我没有看到。

一把很小的钥匙将开启一扇非常厚重的门。

——《穷追到底》，作者查尔斯·狄更斯

连接那些"点"，情景三：

在华尔街待了近四年之后，我搬到了华盛顿特区，为一家健康护理行业的初创公司工作。后来，我迷恋上了国会山的政治氛围，于是决定去那里工作。

几经周折，我成了一名国会议员的实习生，并申请了一份新闻秘书的工作。但由于我在华尔街的经历与这些毫不相关，所以没有人愿意聘用我。我当时甚至愿意付出一切去获得一份初级职位，以便将来在华盛顿特区开始自己的新生活。然而，我还是没有被聘用——我要再次感谢造物主！如果我在国会山开始了新的职业生涯，很可能现在还生活在那里，mindbodygreen网站恐怕永远也不会诞生了。

在以往的经历中，我曾多次拼尽全力去争取一些东西（或特别想要得到一些东西），但那扇门总是紧闭着。无论你在这世上生活了多久，我相信你身上一定也发生过同样的事情。别误会我，我也觉得应该努力去捣毁那扇门，但是，在一些特定时刻，你需要放手，让造物主为你指引方向。

这就好像是你已经努力到一定程度，无法再继续承受，想要放弃了。你跪在地上，祈祷得到指引，就在那个时刻，有人（或者是某件事）将你的一切接了过去。

只有在那时，你才会发现对自己最好的选择是什么，而不是你以为对自己最好的是什么。从此以后——尽管未必是马上——另一扇门就会为你打开。

　　　有时候失去一些好东西，正是为了迎接更好的。

　　　　　　　　　　　　　　　　　　——玛丽莲·梦露

你自己只能努力至此，然后在某个特定的拐点，让命运为你引路。我相信生命中并没有那么多意外，一切都是相互联系的，你此刻所处的位置恰恰就是你应该在的位置。

你也许并不知道为什么，你也许憎恶目前的状态，但随着时间推移，这一切的原因都会逐渐清晰。

当发生了可怕的事情时

有时候，接受像死亡、疾病或者困境等巨大变故并不是件容易的事。有时候，真正糟糕的事情会发生在真正的好人身上，当这些事发生时，我们甚至看不到一丝希望。比如，我们在"9·11"事件中根本就找不到任何安慰。有时候，我们永远都不能将那些"点"连接起来。

当这种事情发生在我身上时——例如，父亲的去世，我不得不把它放进"我不知道原因"的"意念抽屉"里。我听说牧师欧斯丁曾在电视上介绍过这种理念，对此，我产生了强烈的共鸣——当发生可怕的事情时，你找不到任何答案，而想方设法将这些"点"连接起来的做法，只会导致更多的痛苦。

摆脱这种困境的唯一方法就是，不要再去寻找答案。

我发现，这说起来容易，但做起来并不简单。当你那么做时，你会发现：将这些事情放进那个"我不知道原因"的"意念抽屉"，是能够帮助我们走出悲剧，继续前行的唯一方法。

我还相信，造物主（或宇宙）——无论你称之为什么——知道你即将崩溃的那个点。这听上去不大可能，我从一位名人康多莉扎·赖斯的口中第一次听到了这个理念。

2003年，我在华盛顿特区的一个教堂里听赖斯做关于信仰的演讲。在她演讲结束后，我意识到，每当我感到自己再也无法承受当前的状况时，就会有积极的事情发生。

我喜欢的名言之一来自朗费罗："最低潮就是高潮的开始。"在我的生命中，这句话是完全正确的。我相信造物主（或宇宙）只会将你能够承受的东西给予你，而不会超出那个范围。有时候，你可能会误认为那个限度超出了你的能力承受范围，但那不是真的——当你经历的创伤越多，那个限度就会越大。

> 勇气并不是你已经拥有的东西，它不能在艰难岁月开始时就让你变得勇敢。勇气是你经历了艰难岁月之后获得的。从此以后，你会发现，那些根本算不上艰难。
>
> ——《大卫与歌利亚》，作者
> 马尔科姆·格拉德威尔

我仍然为失去父亲而感到悲伤，但由于前进的步伐太快，我甚至没有意识到这一点，更没有在意自己失去亲人的损失。在华尔街取得的成功并不像我以往所坚信的那样——能带给我幸福，这一点令我非常沮丧。

但有一个特例，当我把钱送给别人或是花在别人身上时，我会感到非常喜悦，这种感觉可比挣钱快乐多了。我会给那些对我有意义的事业捐款，比如，给哥伦比亚大学和北山野高中的篮球队捐款，这两个团队都给予了我太多的东西。

我给妈妈买了辆车。

我请所有的朋友们吃饭喝酒。

我在一年的时间内花了太多的钱，以至于位于曼哈顿剧院街的棕榈牛排餐厅把我的画像都挂在了墙上——我的讽刺肖像画被挂在乔·拿马斯和亚当·桑德勒的画像中间——于是我成了这儿"不朽的人物"。所有来这儿吃饭的人都会问："那个在拿马斯和桑德勒中间的家伙是谁啊？"

把钱花在自己身上并不能填满我空虚的内心，但这本身就是重要的一课。只有当你把钱财散布出去，你的"财富"才会真正充裕而丰富起来。对当时的我来说，这意味着我将大量马提尼酒和牛排"散布"了出去。我的愿望是美好的，就是方式有点儿糟糕。

一记突然的警钟让我成熟了起来——"9·11"事件。那场袭击之后，我开始迫切地想要找到平衡感和满足感，而不是在灯红酒绿和狂躁中去赚取更多的美元。

我惊讶地发现，除了自己的银行账户之外，我竟然开始考虑起人生意义了。我感到疲惫不堪，开始意识到——真正的健康绝不仅仅是看到镜子里的自己状态不错。在那段时间里，我不能从工作和生活中感受到快乐。于是，我开始思考什么能给我带来幸福和快乐。

我们都有过这样的时刻——质问自己或造物主："为什么是我？"别误会我的意思，当时，我的生活还不错，事业也算成功，家人和朋友的身体也都很健康。然而，我依旧不幸福。

"造物主眨眼"的时刻

有时候，干预会以很不起眼的方式出现——这就是被励志作家斯奎尔·拉什尼尔称为"造物主眨眼"的时刻。"造物主眨眼"的时刻通常是一些很小的提醒，告诉你光明就在隧道的尽头，有人在那里看着你，你正走在正确的道路上。

我在二十多岁的时候，曾为一次失恋心碎，那已经是我一年中的第二次失恋了。我感到十分苦闷，心想："为什么造物主又一次这么对我，我刚刚从漫长而痛苦的状态中走出来，却还要再经历一次，难道就是为了让我经历如此可怕而突然的精神崩溃吗？"我的内心无比空虚和痛苦，任何美味和畅饮都无法抚平我内心的伤痛。

在那次分手后的第二天，我正打算乘坐办公大楼的电梯，一位非常有魅力的女人在走出电梯前赞扬了我一句——那正是我当时所需要听到的话，完美的"造物主眨眼"的时刻。我突然感受到心理的转变，而且我知道自己的心情会好起来。我意识到造物主正在看着这一切——他有自己的计划，而且他知道我的崩溃点在哪里。

　　我经历过比令人心碎的分手更糟糕的情况。有时候，我甚至会跪在地上痛哭流涕，感觉自己再也承受不住了，马上就要放弃了。但是，哭过之后，我又会心生期待，期待造物主给我某种信号。当我到达了自己能够承受的极限点时，情况往往就会发生变化。

　　那个"点"就是，我们需要让自己放手，并相信造物主（或宇宙）将给予我们所需要的东西，尽管这未必是我们想要的。有时候，我们得到了自己想要的；有时候，我们没得到。但只有经历过创伤之后，我们才能将那些点连接起来，并找到一切发生过的事情的原因和意义。

　　如何才能将生命中的那些"点"都连接起来呢？请思考一下你将如何回答这个问题：

　　请设想一下，当事情确实没有按照你想要的或期望的方向发展时，真的就是"世界末日"了吗？

　　现在，试着列出一两个你觉得无法实现的目标——即便这些目标在若干年后有可能实现。

　　再列出另外两件事。当你回顾过去并将那些"点"连接起来时，你会发现——过去你曾误以为是消极性的事件里其实蕴藏着光明。

幸福线

> 我相信这些都是真实的……你必须做你能做到的
> 一切，竭尽全力地努力。如果你保持积极乐观，你就
> 会见到乌云背后的幸福线。
>
> ——帕特·索拉塔诺

这句来自电影《乌云背后的幸福线》的台词实在是太伟大了。它指出了保持积极乐观与期待美好事物出现之间的平衡，同时提醒我们，对于生活别总持消极态度。

你不能一味地坐在一旁，什么都不做，却期待着有好事发生。你必须努力工作。

我经历的第一次重大而痛苦的"幸福线事件"就是右脚的三级扭伤——我在一次篮球练习时扭伤了右脚。你也许不知道，三级扭伤其实比骨折还严重。我的脚疼得厉害，这直接影响了我的奔跑速度和弹跳能力，并且最终断送了我的篮球职业生涯。

受伤之前，我已经把自己视为运动员了，也引起了大东联盟和大西洋海岸联盟大学校队的注意。受伤之后，我再也没能

恢复以往的身体灵活性。我花了几周时间进行康复训练。我感到很有压力，希望自己能尽快康复归队，可这最终造成了我右脚脚踝的永久性损伤。除了肉体上的伤痛，在精神层面，我更是花了数年时间才得以复原。

但意想不到的是，这次受伤反而令我的人生变得更加美好了，因为它帮我获得了洞察力。我仍然希望脚踝可以尽快康复，以便能参加比赛，但是，我不再想着在十大联盟的一级大学里比赛，而是开始考虑在那些以学术见长的大学里打篮球。

我也开始意识到，伤害每时每刻都在发生，而且并不是只有运动员才会受伤。你在某一天可能还很健康，但到了第二天就可能要努力进行康复训练，让自己的身体恢复到从前的健康状态。我必须考虑什么才是对我真正重要的事，而后我意识到，生命远远不止打篮球这一件事。

这次扭伤就是改变我的思维和人生目标的那道幸福线。回想起来，无论发生什么事，我都不可能免于受伤。我的生命中充满了类似的幸福线：与女友分手，虽然我很爱她，但她差点把我逼疯了；当交易员时，因为去了一趟卫生间而错过了一次交易，但这最终让我免于遭受重大的财务损失；我以为我是完美的潜在投资人，却不知为什么没有获得成功。

每次，我都会在重大的困境，甚至是灾难中被拯救出来。我相信我们的生命充满了幸福线——正如帕特·索拉塔诺所说的："我们要为了那道幸福线而努力。"

你要见到它，才能相信它

　　幸福的人有能力从厄运中看到积极的一面，他们会意识到不能坐等好事发生，而是要努力让好事发生。在这里，我们重新谈一下"视觉化"，它是实现真正富足的关键所在，而且它要比大众认识到的内容更加丰富。

　　　　如果你努力工作，"视觉化"就会有效果，就是这
　　么回事。你不能只凭想象，就让某件事在现实中发生。
　　　　　　　　　　　　　　　　——著名影星金·凯瑞

　　没错，我相信每个人都值得过上一种伟大的生活，一种充满幸福、健康和丰盈的生活。但是，我也相信这种生活是由三部分组成的：相信、看见和行动。你不能仅仅止步于确认、观望或者祷告，然后假设你想要的事情就能神奇地发生。而且，我认为大部分的哲学理论实际上也是支持我的。

　　请让我来解释一下我是如何看待这个问题的。

　　第一步是相信。你必须相信——否则什么都不会实现。如

果你不相信自己会遇到灵魂伴侣，如果你不相信自己会升职加薪，或者你不相信自己能减去多余的体重，那么，在你尚未开始之时，一切就已经结束了，什么也不会发生。

我总是爱幻想，相信伟大的事情是能够发生的。例如，当mindbodygreen网站在我们位于布鲁克林的小公寓里诞生时，我就想象它能成为具有影响力的媒体品牌，使大众能够接触到真正的关于富足的理念。

我从没有把它视为一个个人博客。实际上，当有人说它"只不过是个博客"时，我会纠正他的说法。我总是相信自己，而且，我也相信只要用心投入，每个人都能成就一番事业。

我特别相信运气，而且我发现我越努力，就越幸运。

——F.L.艾默生

如果你不太容易相信自己——这其实是富足的重要组成部分——那么，你可以先相信自己能够完成一些小事情。我并不习惯于对着镜子重复一些誓言，但我相信文字的力量。我会把小目标写下来，例如："我今天要吃全素的健康午餐。"

你也要仔细想想，你想吃什么蔬菜呢？是甘蓝还是菠菜，或者两者都吃？你吃蔬菜的时候要不要加上些杏仁或者核桃？调料要什么味道呢？

想象一下，自己吃了这么健康、美味的午餐感觉会有多好。

然后就去做你的沙拉，享用这顿美味。

在其他的小目标上不断重复你的成功体验，最终你就会完成更大的目标。你所做的一切，正是让自己习惯去完成那些你能大声说出来的事情——这是一种树立自信心的方法。

等你完成了"相信"这一步之后，接下来就要意识到"看见"的重要性了。如果你无法看到自己前进的方向，又怎能从A点顺利到达B点呢？比如你想驾车从纽约前往洛杉矶，就需要一张地图或者GPS导航来告诉你如何到达目的地——否则，你可能会一路开到温哥华。

再比如说，你想找到自己的灵魂伴侣，就需要在脑海中勾勒出这个人的形象——并不是想象出他的外表，而是要勾勒出那些你希望他具有的重要品质，然后设想拥有这种品质的人将会在何种地方出现。

同样的方法也适用于减肥，或者开创事业，甚至是任何事。你需要知道自己如何才能前往想去的地方。你的计划不必是完美的，它甚至可以经常发生变化，但你必须通过"视觉化"起步。

第三步是行动。你要去做那些自己想完成的事情。如果你正在努力减肥，而且相信自己能够减掉9千克体重，那么你可以每天步行20分钟——好吧，现在你就得真正开始做这些事情了。

尽管减轻的体重与设定的目标关系更大，与运气的关系较小，但在某些方面，你仍然需要为自己赢得好运。这涉及改变你看待世界的方式，甚至改变你的命运。

如果你真心想过上一种幸福的、健康的、丰盛的生活，这三个原则对你的成功至关重要。你在瑜伽垫上或者体育馆里（在办公室或在餐桌上）的表现都将影响你的心理形象。因此，你要在语言和生活的每个层面为自己创造好运。

> 你永远无法得知，坏运气把你从何种更糟的霉运中拯救了出来。
>
> ——《老无所依》，作者科马克·麦卡锡

相信自己能变得更健康

阿维娃·罗姆是位医学博士，她在耶鲁大学接受过培训，并且是经过认证的家庭医生、助产师、草药医生和作家。她对健康有着这样的描述：

我们必须认真做出选择，才能让自己的身体变得健康——一旦你了解了如何做选择，它就会形成一种生活方式。然而，我们通常还没有走多远，甚至还没有开始，就放弃了，因为我们不相信自己能够拥有想要的健康。

改变健康状态最困难的部分就是改变我们的信念。一旦我们做出改变，这些变化将会永远持续下去。

我们中的大多数人都被教导说——健康要么是你已经具备的，要么是你未曾拥有的东西——就好像是我们的基因中所包含的内容。可并没有人教导我们说，健康是我们可以掌控的东西。我们总是对自己的身体素质和改变能力持有负面的想法，我们总是将自己的健康交给医生，我们总是关注各种障碍，以至于寸步难行。

其实，我们的想法对身体有着巨大的影响。我们可以用另外一种方式来获得——并创造——健康。

例如，田径运动员会想象他们在运动场获得了成功，甚至能想象出自己的每个动作细节。

比约·博格，20世纪70年代的世界网球冠军，他谈到将网球抛向空中发球之前，会先在脑海中将整个发球过程呈现出来。通过这种方法，他掌握了无懈可击的发球技术。

杰克·尼克劳斯，高尔夫球的世界冠军，他曾说过："如果我未能在脑海中形成非常清晰的发球画面，我是决不会发球的，哪怕是在练习时。"

玛丽·卢·雷顿，第一位在奥林匹克运动会上赢得女子体操个人全能比赛金牌的美国人。她在接受《时代》杂志采访时曾说："在决赛前夜，我躺在床上，将自己的动作在脑海中预演了一遍。"

嘉比·道格拉斯，另一位在奥林匹克运动会上赢得金牌的女子体操运动员。她也使用过这个方法。她说："我按照自己的意愿在脑海里勾勒出我要做的动作。在生活中，我也会用这种方法想象自己的最佳表现。这种方法向我证明了自己的大脑有多么强大。"

想要变得健康，我们必须相信自己，并创造新的、可以持续练习的思维模式。我们正是通过想象自己的成功来完成这一过程的，正如世界级运动员们所做的那样。

想要变得健康，我们必须在实现目标之前真切地看到健康的自己（或是健美的，或是更苗条的，或是睡眠更好，或是……你可以自行填空）。我们要往好的方面想：这是一种让情感更加健康的方式。

首次练习的时候，给自己二十分钟的时间，让自己看到那个想要达到的目标。在此之后，你每天只需要练习两分钟。相信我，这种方法必定会使你终生获益。

具体步骤如下：

找个安静、舒适的地方放松二十分钟。拿上笔记本和笔，或者是你最喜欢的电子书写设备，要确保不受外界任何干扰——无论是手机、孩子、伴侣还是邮件。

然后，集中精神，闭上双眼，做四次深呼吸——深深地吸气，缓缓地呼气。

接下来，想出你希望实现的目标，注意：目标一定要详细而明确。想象一下实现目标后的感觉，想象一下当时周边的环境，想象一下你穿着什么衣服，看到了什么场景，闻到了什么气味，你的爱人和朋友对你的变化有什么反应。想象一下那种场景已经发生了。

想象一下你对自己感到非常骄傲，想象一下自己是多么光彩照人！

用你脑海中的"眼睛"来捕捉这些画面。（不妨把它写下来，防止忘记。）

每天花几分钟时间重复这个过程。

用以下的肯定句来强化你的练习：

我太神奇了！

我能做任何事！

我准备好成功了！

你要确保在做出特定的选择时能回想起这个画面。比如，当你在决定吃蛋糕还是吃蔬菜或鹰嘴豆泥时，或者纠结于是出去跑一圈还是继续浏览社交网络时，都设想一下那个画面。

当你打算为自己的健康做出改变时，也请使用这种方法。不要犹豫！

事实上，你的脑海中越是经常浮现出自己的目标，你离要实现的目标就越近。

增加你的生命储蓄：相信

· 我们只有通过事后的认知，才能看清事情是朝着对自己好的方向发展的。我们必须将那些点连接起来。

· 无论前方看上去有多么惨淡，都要记着造物主（或宇宙）正看着我们呢。我们必须放下过去，努力工作，并拥有信念。要相信一定有什么事情或什么人在支持着我们。

· 幸运的人能够从自己的厄运中看到积极的一面。随着时间的推移，他们会意识到，那些看起来不幸的事情最终都能够转化为机遇。

· 视觉化有三个组成部分：相信、看见和行动。只有三个步骤都达到，才能获得成功。

第五章

掌握生活的艺术

在通往富足的道路上，我们有时候不得不走些弯路。但只要你是以探索精神进行尝试，那就不是坏事。在实现生活和工作的美好愿景的过程中，可能会有很多曲折。在这两个领域中，很少有通向成功的笔直大道，牢记这一点将对你有所帮助。

当你实现了自己的目标时，就能比那些选择轻松道路的人获得更多的经验和更强的自我恢复能力。所以，别再拖延了，请立即行动吧，否则你将一无所获。

> 如果你对任何事情都采取拖延态度，那么你什么也做不成。
>
> ——《正面思考的力量》，作者
> 诺曼·文森特·皮尔

我曾做过各种各样的工作。有的工作很有意思，而有的工作却枯燥无味。我做过勤杂工、洗碗工，还在搬家公司和仓储公司上过班。我送过啤酒，在熟食店当过收银员，在游泳池周围卖过快餐。我也当过保镖、主持人和酒吧服务员。

有一年夏天，我还为民主党人当过安保，甚至为总统车队开过车呢。我还曾站在角落里发传单，为总统竞选拉票。

让我从最糟糕但又可能是最令人大开眼界的一份工作说起吧。在进入哥伦比亚大学之前的那个暑假，我在本地的一个游艇俱乐部里打杂。那场景和我在电影《小小球童》里看到的几乎一样。那里有个家伙长得酷似泰德·科奈特扮演的反面角色——史密利斯法官——他甚至戴着一顶与史密利斯法官一样的船长帽。

而这个现实版《小小球童》的唯一问题是，并没有影片中罗德尼·丹泽菲尔德或者切维·切斯扮演的正面角色活跃气氛。在我深入介绍属于游艇俱乐部的那类人之前，让我解释一下为什么这份工作会那么差劲，以及为什么这是一种不可思议的学习体验。

首先，勤杂工是个辛苦活儿。你要一直忙着给大家倒水、收拾盘子，完成任何一件苦差事。试想一下人们用餐结束后的场景——尤其是在一个乡村俱乐部里——那可一点儿都不好玩儿。和大多数餐厅老板一样，这儿的老板也希望尽可能多地接待客人，以增加收入。所以，你越快收拾好一张餐桌就越好！

> 赚钱本身并不困难……困难的是做值得自己为之奋斗终生的事业，同时还能挣到钱。
>
> ——《风之影》，作者卡洛斯·鲁依斯·萨丰

但情况恰恰相反。

俱乐部会员以及他们的朋友只想整晚坐在那里进行社交。他们并不想离开，因为他们也没有别的地方可去。俱乐部也不鼓励翻台，人们整晚都待在那儿。所以，在一旁等着为他们收拾盘子简直太折磨人了。

勤杂工想做的就是清理碗碟，然后翻台——但那些桌子旁的客人从不会让人翻台。晚餐会一直持续下去，而你永远无法完成自己的工作。对了，俱乐部关于小费的规定是服务生无须和勤杂工分享小费。所以，那些服务生自然不会与我分享小费。这就是我干了两周之后就辞职了的原因。

我憎恶势利小人。那个俱乐部的人对待服务人员就像是对待"二等公民"一样。我知道，这里的很多服务生都是从墨西哥移民来的，我知道这些人的生活有多么不容易。他们大概有十个人，都生活在面积狭小、环境恶劣的俱乐部宿舍里。我是名憎恶那份工作（并憎恶我服务的对象）的白人男孩儿，我有能力随时辞工不干，但那些人没有其他的选择，这份工作是他们的衣食之源。

约翰尼就是一名这样的工人。他的英文不太好，但他工作极为努力。一个周六的晚上，我们正在为某个人的五十岁生日宴服务。晚餐持续进行着，那群人渐渐变得醉醺醺的。大概午夜时分，约翰尼问我是否能帮他替班，因为他要在凌晨四点之前赶去面包店打另外一份工。这个二十五岁小伙子的生活就是先做一份糟糕的勤杂工，在半夜为一群势利小人收拾桌子，再在四个小时后赶去面包店磨面粉。

我的天啊！他的经历让我意识到自己是多么幸福。

俱乐部的工作庞杂无比，总的来说，这份工作和我从事过的其他接待工作（酒吧服务、收拾餐桌等）让我学到了很多关于职场的知识。

我干过的工作大都非常辛苦，客人们常常只给少得令人难以置信的小费，而且态度极为恶劣。面对此情此景，要是我去维护自己那所剩无几的自尊，就只能甩手不干。可迫于生计，我只能忍气吞声地继续干下去。

我曾为一位女士服务，她要求在游泳池的快餐柜台点半份薯条，还说只支付一半价钱。当我告诉她我无法满足她的要求时，她大声咆哮着："今天小孩子可做不了主！"我觉得这话有点幽默，因为我的确做了一回主——没有给她半份薯条。

但是，也有些客人善良得令人称奇。我永远不会忘记在酒吧当服务生时遇到的那些极为慷慨的给我小费的客人，他们总是面带微笑，嘴里不断说着"请"和"谢谢"。

那些在服务岗位上辛勤工作的人让我们的生活按部就班，无论我们走到哪里都会遇到这些人：喝咖啡时，通勤时，在杂货店结账时。他们努力工作，让我们的生活变得更便捷，但挣到的钱却少得可怜。所以，我们能做的就是，只要有机会，就将善良和慷慨给予他们。

在服务行业工作时，我学到了一些不可思议的生活经验，这些经验后来促使我成为一名更好的企业家和首席执行官。我每天工作时都会用到的一个经验是，没有什么工作是微不足道的。尽管我有几十名员工，但我每天还是会把办公室的垃圾带出去，并引以为傲。

　　跳舞时，你的目标并不是要到达某个特定点，而是享受跳舞的过程。

——韦恩·戴尔

掌握生活的艺术

很多人，尤其是像我们这些生活在纽约的人，在"9·11"事件之后都反省和重新审视过自己的生活。

我在本书前面也曾有过简单的讨论，那场悲剧使我对在华尔街的生活提出了质疑。

和大多数交易员一样，工作日里我忙得团团转，但在周五下班后我会走出门，用周末聚会的方式让自己释放压力，忘记烦恼。我这种生活持续了整整三年。

我并不是突然就厌恶交易员这份工作的，在内心深处，我知道自己早就受够了。我感觉自己在交易所的社交关系就要走到尽头了：虽然我可以与同事们想办法解决工作上的问题，但我们经过交流并采取的行动并不能拯救我的生活。为了钱而赚钱对我来说再也没有什么吸引力了。

这期间，我在劳伦斯·杰克写的《通过娱乐休闲进行教育》中读到了一段话，每当感到情绪低落或者迷失方向时，我都会想起它。

掌握生活艺术的人，他的工作和玩乐、劳动与休闲、头脑与身体、教育与娱乐、爱情与信仰之间的差异并不大。他很难弄清楚哪个是哪个。他只是通过自己的行动追求美好的愿景，让其他人分不清他到底是在工作还是在玩乐。对他来说，他总是将两者同时进行。

读到这句话时，我幡然醒悟，立刻就知道自己需要告别交易员的工作了。不仅如此，我还知道自己想成为掌握生活艺术的大师，尽管我并不知道该以什么形式实现，或者那究竟意味着什么，但我清楚地知道，我想在"我是谁"和"我的工作"之间找到一种平衡，从而使我的工作和生活目标能够相互融合，并相互补充。

我几乎花了十年时间才实现那个目标，这中间的过程绝不是一帆风顺的。它包括启程、停止和各种曲折，但我最终还是到达了。我并不会称自己为大师，但我现在的确能做到在玩乐中工作，在工作中玩乐。每天清晨醒来时，我都能感觉到自己正在追求一种美好的愿景。

> 如果一个人从清晨起床后到晚上睡觉前都在做他喜欢的事情，他就是成功的。
>
> ——鲍勃·迪伦

我到达当前状态的过程是一个逐渐觉醒的故事。我犯过很多错误，才最终将自己的行动与我将成为怎样的人结合了起来。我的故事并不是从赤贫到巨富的故事，而是从不充裕的状态转变为真正富足的生命状态的故事。比起单纯的物质财富，我拥有更多的精神珍宝。

当我在2002年离开华尔街的时候，我觉得自己有足够的财力支持，让自己享受真正的悠长假期。于是，我睁大眼睛，寻找证券交易之外的其他机会。我知道自己想要的是自由和成为企业家的经历——那看起来才是通向劳伦斯·杰克式愿景的正确道路。

碰巧的是，我在交易所的朋友们正在投资一家健康护理行业的新公司（那些家伙是我认识的人中最聪明的）。那家公司的财务状况很好，经营方向听起来也很合理，而且我相信他们的产品会为整个行业做出贡献。于是，我在这家公司投入了大笔资金，并且相信投资会有回报。

可悲的是，事实并非如此。我在加入该公司几个月之后就离开了，最终，这家公司倒闭了。

我的努力就像是一场悄然落幕的彩排。我的朋友们和我都不是健康护理行业的专家，如果我们是的话，那么面对公司初创期那些显而易见的问题就不会束手无策。

通过这次失败的经历，我学到了一条有价值却也是格外昂贵的经验——如果你是在分析一个自己实际上知之甚少的行业，那么无论你有多聪明，都无济于事。

　　这就是我的问题，也是一些MBA毕业生存在的问题——你可以分析各种案例和数据，但都不如自己摔得鼻青脸肿来得印象深刻——根本没有什么东西能够替代实践。

　　我也学习到：企业家精神并不是为了某种收益而去冒风险，它指的是要深入研究，投入人力成本，并在投资某项目之前就成为一名专家。毫无疑问，虽然我接受过教育，但我对下一步该怎么做一无所知。

　　为了那家健康护理公司，我搬到了华盛顿特区，然后我告诉自己，在我想明白自己下一步准备怎么生活之前，我会一直住在华盛顿。我重操旧业，又做起了证券交易，这次是在我的公寓里操作，而且只是为了支付账单才进行几次交易。

　　实际上，我觉得自己好像已经忘记了在华尔街学到的东西。我觉得自己根本没有什么动力去努力挣钱，参与竞争，赚取自己的第一桶金。

　　恰恰相反，我允许自己感到迷惘。我相信，如果我将自己置身于现实世界，就能为自己找到一块立足之地。我在教堂和救济站当志愿者，在国会山实习，还在巴诺书店的自助服务区度过了许多时光。

　　我又读到了另一段能深深打动我的文字：

　　　　请将自己想象成一座有人居住的房子。造物主走了进来，开始重建那座房子。

也许起初你能想明白造物主在做些什么——他在修缮排水沟，修补房顶的裂缝，等等。你心里知道这些工作确实需要做，对此也并不感到吃惊。

但是现在，他开始用力敲打这座房子，你不仅感到疼痛难忍，还觉得造物主这么做毫无道理。他到底在干什么呢？答案就是，他正在你身上建造一座与你想象中完全不同的房子——在这边多出一排房间，在那边再铺上一块地板。他甚至爬上高塔，想在那打造一处庭院。

你本来以为自己正在被建成一座漂亮的小木屋，造物主却在打造一座宫殿。他想自己走进来，生活在里面。

在C.S.刘易斯的《返璞归真》一书中读到这段话的时候，我感觉耳畔似乎有阵阵轰鸣声，内心也有一种强烈的渴望。这也证明了我的直觉，即我需要臣服于那些在我眼前逐步展开的事情，无论它是什么，我并不需要阻止它发生。

这种念头也使我脑海中的各种可能性都变得生动有趣起来。我想要的就是这样一座宫殿——我身在其中，感到能与自己的目标以及某种更宏大的目标连接起来。

我的身体很健康，长期的低碳水化合物和低糖饮食让我身强体壮，但是，有一样东西一直是我的"克星"——奶酪蛋糕。感谢祖母的教导，它是我唯一会烘烤而且做得不错的甜点，也是每次假日聚餐时我都会亲手做的食品。每烤一个奶酪蛋糕，我都能感觉到自己与某个人产生了连接，而这个人对我来说，就意味着全世界。在我心里，奶酪蛋糕就是全部的"爱"。

于是，我决定将奶酪蛋糕当作我的未来。但我所说的奶酪蛋糕并非普通的奶酪蛋糕，而是低碳水化合物的奶酪蛋糕。现在，低糖、低碳水化合物的饮食正变得流行起来，那种饮食是使我身体强健的根本原因，我自然也想成为这个潮流的一部分。我觉得对那些不能吃甜品的节食者来说，低碳水化合物的奶酪蛋糕简直就是完美的替代品。

虽然我对健康护理行业一无所知，但是我了解奶酪蛋糕！此外，我对能通过探索自然产品市场，让自己接受这方面教育感到兴奋不已。我又一次尝试创业了，这离我第一次创业失败只有两年时间。可不久后，我的生意就失败了。

我开始销售奶酪蛋糕，并让自己的关注点从零售行业转向了电子商务。但最终，我还是结束了这个生意。我又花了三年时间探索有意义的事业，但还是没有取得值得炫耀的成绩，除了一些"别做什么"的宝贵经验。

这次可真伤到我了！我将自己的心血和精力（还有我的钱）投入一项对我来说很有意义的事业中，结果却一无所获。我是如此相信这个事业，甚至终止了自己赖以谋生的证券交易业务。

虽然我可以回去继续从事证券交易，但这对我来说就像是一个拐杖——我必须把它扔掉，否则我将永远没有机会成为一名真正的企业家。

于是，在我三十岁的时候，我认清现实，搬回家和妈妈、外祖母一起生活。我简直不敢相信自己成了待业在家的年轻人中的一分子，而且在家一待就是两年。

> 我喜欢钱，但这从来都不是关于钱的问题。
>
> ——杰里·桑菲尔德

在那段日子中，我觉得自己就是个失败者——就像电视剧《宋飞正传》中的康斯坦萨，只不过更像名运动员罢了。我有时会精力充沛地和高中同学或者哥伦比亚大学的朋友们交往，有时也会去见一些对工作或者生意充满激情的朋友。就像我迫切想要有收入一样，我在开始下次行动之前，也需要像他们一样充满激情。

同样重要的是，我想有一个伙伴，一个可以一起激荡创造力，一起渡过各种难关的伙伴。

在某个特定的时刻，我决定不再对自己那么苛刻，而是顺其自然，保持低调，让事情逐步展现在眼前。我其实是一个非常乐观的人，当事情并非一帆风顺时，我总是相信它最终会好起来。从本书前面的内容中，你会对此有所了解。

我知道这对于我成为企业家至关重要——接受失败，暂停，然后继续前进。目标和截止日期固然重要，但是，有时候你只需对自己说："我不知道何时会发生，我也不知道怎么办，但我知道它一定会发生。"

调和你的热情和价值观

在我的奶酪蛋糕和另一项有机饼干生意失败以后，我尝试着找到自己到底该投身于健康行业中的哪个领域。（没错，有机饼干生意让我对有机产品和环境问题充满了热情，虽然这听起来颇具讽刺意味。）

我希望自己能够成为这个宏大的世界的一部分，并为之做出贡献。更明确地说，我希望把自己学到的有关食品、环境和瑜伽方面的知识带给更多像我一样的人，并引领他们走上一条自我发现的道路。

自从我踏上成为企业家的旅程之后，我清晰地感受到了C.S.刘易斯和劳伦斯·杰克的名言在我的生命中结出了果实。我的人生基底正在被彻底重建，我能够察觉到自己的生活与职业热情是如何相互连接的。

我也清楚地意识到，无论我接下来准备做什么，都不会是简单地关于某一种产品——我再也不想运输纸箱或者保持库存了。我想到传播思想、做出改变的最好方式就是通过媒体，而那正是我想投身的行业。

　　我并不知道自己的新事业到底是什么，但是我已经为它起好了名字——mindbodygreen。我想创办一个致力于寻求健康和幸福的网站，旨在给予人们启发和鼓舞，同时向大家传递各种信息，并具有娱乐性。如果真能实现的话，那对我来说就是个很好的事业了。

　　Mindbodygreen 的故事还远未结束。事实上，我觉得我们只是刚刚起步而已。我相信我们所有的供稿人、读者和网站浏览者正在某个地方掀起一场强大的健康运动风暴。

　　我内心最深切的愿望就是——这场运动、这本书能在某些微小的方面鼓舞人们去追求他们自己定义的幸福、健康和富足——并不是追求突如其来的幸福感受，而是追求一种渗入你的生活并能持久感受到的幸福感。

　　尽管我相信应该把价值观和激情融入工作之中，但实际上这种方式并不适用于所有人。如果那不是你的选择，我建议你通过在工作之外所做的一切事情，将自己的热情投入你的生活中。

　　那些能够将热情与工作融合在一起的人都是比较幸运的。但我相信，你也可以创造自己的幸运。

如何创造自己的幸运

幸运是什么？它是命运吗？它是机遇吗？它是造物主在对你微笑吗？

《幸运因素》一书的作者查德·威丝曼博士对此深有体会。经过三年的研究，威丝曼得出结论：幸运实际上是可以被学习的。他将"幸运"一词的概念分成四个原则：

1.将幸运的机会最大化：幸运的人会创造并把握机会。

从商业角度考虑，我认为这个原则是成功的关键。你的确需要将机会最大化，努力让好的事情发生。有时候，这些机会累积起来并没有什么结果，但在另一些时候，它甚至能改变你的人生轨迹。

如果你什么都不做，就永远不会明确地知道结果如何。著名冰球运动员韦恩·格雷茨基曾说过："如果你不去击球，就会失去100%的赢球机会。"

2.听从你的直觉：幸运的人通过本能和直觉做出成功的决定。我们都有直觉感受，我们也应该留意这些感觉。

3.期待好运：幸运的人对未来的期许能帮助他们实现自己的梦想和野心。

4.将厄运变成好运：幸运的人有能力从他们的厄运中看到积极乐观的一面。

生活从没有捷径

要想听到内心的呼声，你需要付出艰苦的努力。我相信，很少有人能在他们还很年轻的时候，就知道内心的呼声究竟是什么。通常来说，那些在早期就发现自己内心呼声的人往往是设计师或是运动员——他们是那种对自己的职业充满热情的人，而那个职业几乎就是他们想有所作为的全部。

这种情况很少。对大多数人来说，在寻找内心呼声的过程中，付出艰苦努力是最基本的。我们通过学习，才了解到自己擅长什么，不擅长什么。更重要的是，我们知道了自己喜欢什么，厌恶什么。

我发现，我们对某项工作的设想与实际情况通常存在着巨大的差异。

生活中有两个主要的抉择：接受现状，或者承担改变现状的责任。

——《做到最好》，作者丹尼斯·沃特利

举例来说，当我还在华盛顿特区的时候，曾有过去国会山工作的念头。我觉得在那里工作一定会非常令人兴奋，就像《纸牌屋》中展现的一样。但事实并非如此。

恰恰相反，我的那份工作以文章创作和阅读文件为主，枯燥乏味，根本就不像凯文·史派西（《纸牌屋》男主角的扮演者）描述的那样令人兴奋！或者说，至少在实习生层面不是那般戏剧化的。

可见，你在寻找自己的热情所在时，一定要有耐心。对我来说，我花了数年时间才找到它。

我觉得那些二十几岁的年轻人就该努力工作，努力学习，培养能力。同时也要注意观察自己喜欢和不喜欢的事情——从根本上说，就是要发现你究竟是谁。

三十几岁时，你逐渐知道自己是谁了，于是可以开始围绕着自己的身份构建生活或者职业生涯。

四十几岁时，你可以试着调整你的职业焦点，从而使它与你的热情更加契合。

你并不需要放弃日常工作来完成这些。你可以在下班之后再追寻你的热情，或者构建你想要的生活。我太太科琳对富足的热情和我的一样高。当mindbodygreen只有一名全职员工——我本人——的时候，她就撰写博文，完成我需要她做的任何工作——无论是在晚上还是在周末。

我那两位不可思议的共同创始人提姆和卡威尔也同样如此，

他们白天要忙自己的工作，晚上六点之后和周末的时间则忙着为mindbodygreen网站编写代码。

> 当你小打小闹的时候，你只是凑合着过一种与自
> 己有能力拥有的生活相差甚远的日子，这样你是无法
> 充满热情的。
>
> ——《漫漫自由路》，作者纳尔逊·曼德拉

你的热情不一定是要经营或者成立一家公司，它可以是在一家特别棒的餐厅用餐，与朋友们聚会，或者外出旅行——那太好了！如果情况如此，我建议你构建一种可以让你完成那些事情的生活。

我相信每个人都可以遵循自己的梦想，你需要做的只是弄清楚梦想究竟是什么。

倾听内心的呼唤

　　我本人深受企业家乔·克拉克事迹的影响，他在自己的畅销纪录片《肥胖、疾病、几乎死去》中回顾了自己的经历——用他自己的话说即"体重轻了45千克，快乐多了1000倍"。

　　下面是他在通往富足的道路上遵循的七项基本原则。这些原则与我本人的理念是如此一致，我一定要分享给大家：

　　1.倾听你内心的呼唤。允许这声音从你对这世界的需求和愿望中传播出来，即使你一开始可能觉得那呼唤声毫无道理，但到后来，你可能会对自己的行为感到震惊。

　　2.怀疑是正常的，但不要让怀疑占据主导地位。要有意识地运用自己的信心，打消心中的疑虑。

　　3.相信别人，但别那么天真。我们要知道自己不会做哪些事情，并找到可以弥补自己缺陷的专家，请他们帮忙。一旦你找到了，珍惜并信任他们。

　　4.遵守你的计划，并贯彻执行。需要留意的是，实际过程需要的时间可能会是之前计划时间的两倍，所需费用也可能是你之前计划的两倍。

5.别害怕愚弄自己。即使这意味着你会当众出丑。

6.也许某项职业生涯能使你挣到更多的钱，但我可以向你保证，钱并不能买到幸福。健康和帮助别人却能使你幸福。

7.请记住，成功会存在一定的运气因素。别因为一时的好运就认为自己是天才，你要对能够获得的运气心怀感激。

增加你的生命储蓄：探索

· 很多工作可能是你了解各种人和生活的极佳途径，要把这些工作视为一种学习的途径。

· 为了追随你的热情，你需要先定义它是什么。只有那样，你才能追寻自己的梦想。

· 在寻找热情的过程中要保持耐心。这可能要用几年的时间，但你不必为了寻找它辞掉自己的工作。

· 成为一名掌握生活艺术的大师，不必过分计较工作与玩乐、劳动与休闲的差异。

第六章

学会呼吸

　　头脑与身体的连接是富足的支柱之一——冥想则是富足的基石。但只要提到冥想，就会让某些人感到畏缩，因为他们觉得自己不能集中注意力，也没有时间去冥想，或者他们总是心猿意马，根本无法冥想。

　　这些都是错误的观念。只要你能呼吸，就可以冥想。其实就是这么一回事儿，非常简单。尽管在过去的几年中，我一直断断续续地练习冥想，但我也是最近才将冥想彻底融入日常生活中。

　　为什么是最近呢？因为在体验富足理念的过程中，我觉得自己在锻炼身体和保护环境方面做得都不错，但我并没有坚持开发自己的大脑。

> 你无法让浪涛停止，但你可以学会冲浪。
>
> ——《此心只在当下》，作者卡巴金

　　2014年夏，在一场名为"恢复元气"的讲座上，作家兼新闻主播丹·哈里斯明确地表示，开发大脑与锻炼身体同样重要。听了他的演讲之后，我觉得自己需要在四十岁生日之前做出一些改变。

此后的几年中，我每天都会冥想两次，每次二十分钟。一次在早晨，一次在下午或者晚上。我一直比较善于坚持，尽管有时候也会错过冥想时间，但在多数情况下，我都能做到一天冥想两次。

可以这么说，我完全被冥想吸引了。每次冥想结束，我都能感觉到一种精神层面上的迷雾从头脑中升起，这让我更放松、更平静。我比以往更能与自己内在知觉相协调，我能体验到更多的巧合，也能强烈地感受到周边的一切。如果我是开心的，我觉得自己几乎欣喜若狂；如果我正在吃一道自己喜欢的菜，我觉得它比我记忆中的味道更加美味。

自从我坚持每天认真进行冥想练习以来，我觉得自己的生命体验就好像从看黑白电视变成了看高清电视，声音更清晰，色彩更鲜艳，还有更多的频道！在我那健康和快乐的工具箱中，冥想成了我挚爱的工具。

我希望你也能尝试一下。

每天清晨，我会先刷牙，然后坐在自己的床上冥想二十分钟，然后再去喝咖啡、吃早餐。傍晚，我会走进公司的会议室，在那里冥想二十分钟。如果那个时间不合适，晚餐前我会在家里进行冥想。

其实你没必要花上几个小时进行冥想，每天即使冥想五分钟，都将使你受益。有些人会尝试觉知形式的冥想，他们会将注意力集中到某个物体、呼吸或者身体的某个部位上，甚至会在每天的通勤途中进行冥想。

　　如果你在家中冥想，哪怕只是想拥有更有益于放松的氛围，都请你考虑一下在生活空间内创造出的感觉（能量）。当你走进一个温泉理疗中心或是度假村时，你会立刻感觉到放松或者充满"禅意"的氛围吗？那并不是偶然的，实际上，那种氛围是人们刻意营造出来的。

　　你应该让你的生活空间对你有利。无论是在家中还是在办公室里，你都需要把它调整到最适合你工作、玩乐或者放松的状态。这也是门艺术。

　　在这里，我要与你分享一个概念：保持简单。比如，清除杂物——把旧东西处理掉，才能为新东西腾出地方。请记住：一张杂乱的桌子就相当于一个杂乱的大脑。我并不认为，一定需要一座大房子或很多钱才能创造出能够服务于你而不是令你精疲力竭的空间。

　　科琳和我有一些简单的做法，比如在我们的公寓里摆上一圈蜡烛，挂上我们爱的人的照片，绝不积攒垃圾——尤其是旧衣服。如果我们有六个月时间没有穿某件衣服，就会把它捐给福利组织。我们也不会给家里添置过多东西。

　　我们发现，当尝试着保持简单的时候，会觉得更幸福快乐。

　　我的朋友丹娜·克劳德是这方面的专家，她有一些小窍门可以帮助人们把自己的家变得更像一座圣殿：

至少在睡觉前一小时，将所有明亮的灯光和电子设备关闭。尽可能让这些装置低电压运行，这将为你创造一个更为平静、包容的空间。

生活用具的质地对人的影响太大了！你可以在起居室或卧室使用毛毯或枕头。如果你的地板坚硬而寒冷，哪怕是穿上一双柔软的拖鞋，你也不会感到舒适。

调整温度。太热或者太冷，这两种情况都会让你的身体感受到压力。尽量调整室内温度，避免出现极端温度。

除去所有你不喜欢或者是负面的东西。你可能并没有留意家中的全部物品，比如，你并不太喜欢的绘画作品，你留着它们只是希望墙上能有些东西。千万别这么做！杂物是一种明显的负面信息。

将周围照亮。像那些用薰衣草精油做成的简单的芳香理疗蜡烛，能使你的空间变得更加令人放松——无论是在身体层面还是在情感层面。

给自己一个自我空间，这可以是几个地板抱枕、坐垫，或是一个角落——是一处你可以冥想，喝杯咖啡或茶，或只是休息一下的地方。

保持自然。你可以用植物、泥质材料的陶器甚至是水晶器皿，将一种自然的感觉带到自己家中。

我发现这些小窍门都很有效。无论你是生活在18平方米的

工作室中，还是生活在180平方米的大房子里，都不重要。每个
人都可以按照上面的小窍门去做，而这是不需要多少成本的。

　　它能点燃你的喜悦之情吗？如果能，就保留它。
　　如果不能，就处理掉。
　　——《怦然心动的人生整理魔法》，作者近藤麻理惠

头脑和身体的连接

自从我投身于健康领域之后，我就真正地体验到了我朋友丽萨·兰金博士所说的"心理疗法胜过药物疗法"（这也是她撰写的畅销书的书名）。丽萨在书中分享了有关心理层面的疗愈功能以及伤害能力的一些不可思议的事例。

我印象最深刻的是"柬埔寨盲女"的故事：

据报道，柬埔寨极端分子强迫一群柬埔寨妇女亲眼看着自己的亲人——尤其是对她们十分重要的男人们——被折磨、被杀戮，结果有两百名妇女失明了。医生对她们的身体进行检查，发现这些女人的眼睛结构都完好无损，这令人十分诧异。那些想帮助她们的人最终得出结论——她们是因为被强迫观看自己无法忍受的场面才失明的。

如果这还不是关于压力产生巨大影响的事例，那么我就不知道什么样的事例才算是了。我相信，令我们崩溃的并不是疾病或者伤痛，而是那些围绕着伤害而产生的压力。但是，如果我们身上发生了威胁生命甚至是灾难性的事情，我们又怎么可能不难过呢？我们该如何面对生活中的重压呢？

我的经验是，当你感觉不好，或者正面临一个严重的健康问题时，你应该相信自己是可以被治愈的。你要相信无论这个疗愈的过程有多长——甚至当它并没有得到改善，反而变得更糟时——你最终都会好起来的！

你的头脑"动摇"了你的身体

你的身体并不能控制你的头脑，而你的头脑却能为身体指明方向。这句话并非宣传语，它是有科学依据的。

我生命中最恐怖的一天是2012年5月21日，我相信科琳也会同意我这么说。当时，我正在位于布鲁克林的公寓里工作，准备将当天mindbodygreen网站的内容上传到Facebook（脸书）上。科琳则和她在曼哈顿的医生约了见面。

在那个清新的春日早晨，当我拿起电话的时候，我立刻感觉到有什么不对劲儿。

科琳在电话中哭泣着，几乎说不出话来。如果你经历过那样的时刻——当你的爱人打来电话，可你并不知道她为什么那么悲痛，你就会明白那感觉有多糟了。时间好像停止了，无限的忧虑似乎陷入了永恒之中。

科琳终于说了出来："我就要去急救室了，他们觉得我得了肺栓塞。"我的大脑飞快地运转着，想着应该怎么办。深吸了一口气后，我对她说道："别怕，你会没事的。我爱你，你一定会没事的。我现在就去医院。"说完，我便关上了笔记本电脑。

　　然后，我冲出去叫了辆出租车。我给妈妈打了电话，告诉她关于科琳的事情。妈妈说："外祖母正在天上看着科琳呢，科琳会没事的！"那时候，我的外祖母才去世几周。我刚刚失去了自己的外祖母，造物主当然不会再带走我的妻子。造物主怎么会那么残忍呢？不可能的，但是，当时我根本没时间想这些，我只是觉得自己的情绪很激动。

　　我甚至比科琳更早到达纽约大学，但我不知道我比她早到了那儿，而且我在路上也联系不上她。于是，当我没有在医院里看到科琳时，我就开始担心起来。

　　我想：难道她没能来医院？难道她在出租车里失去了知觉？我简直要发疯了，马上跑到医院的另一个入口询问她是否已经住院，但他们都说没有。

　　我又跑回第一个入口，这时，科琳的出租车才刚刚到达。

　　有那么一刻，我如释重负地呼了一口气。然后，我们被引导着进入医院，科琳接受了我能想到的一切检查。与此同时，我在网上查找关于肺栓塞的所有信息。我先是发现塞雷娜·威廉姆斯（美国著名女子职业网球运动员）曾患过肺栓塞，然后又了解到这种病可以致命，一切都是那么令人恐惧。

　　医生问的第一个问题："你最近坐过飞机吗？"我们一周之前刚从迈阿密飞回来。科琳有一条腿抽筋了，而且一直没恢复，情况甚至变得越来越糟糕。那天早上，我坚持让她去看医生，因为她感到异常疲惫，不停地咳嗽，甚至呼吸困难。

你要是了解肺栓塞的话，就会知道所有这些反应都是肺栓塞的症状。接着，医生问科琳是否在服用避孕药。她的确在服用避孕药。

经过化验和X光检查，他们确诊科琳得了肺栓塞。医生说科琳肺部凝血严重，她没有休克甚至死亡可以说是非常幸运了。不过，她现在的情况已经很危险了。

那天晚上，我和科琳并排躺在医院狭小的病床上，无法入睡。我紧握着科琳的手，后怕不已。如果早上我没有坚持让科琳去看医生，她有可能已经死了。

第二天，科琳的姐姐凯瑞和她的未婚夫艾瑞克（现在的丈夫）来看望我们，我们的朋友泰拉·斯泰尔斯和迈克·泰勒也来医院探望。科琳当天下午就被获准出院，考虑到可能发生的危险，她必须在一段时间内使用血液稀释剂。

> 奇迹并非那些发生在你身上的事情，而是没有发生在你身上的事情。
>
> ——《第十层地狱》，作者朱迪·皮考特

当然，后来出现的问题就是"为什么"——在你几乎失去生命之后，它也就应该出现了。科琳做了很多医学检查，想找出她患肺栓塞的原因。避孕药肯定有影响，尤其是她服用的那种避孕药导致血栓的概率更高。连那些重视自己健康的女性都

不会经常查看避孕药的说明书，这真是好笑。吃避孕药确实有风险，但大多数女性对此都毫不在意。

这么说吧，科琳已经停用避孕药，而且她以后也不会再服用了。

做完所有检查后，医生还是无法解释科琳为什么会得肺栓塞，所以，我们至今都不清楚患病的原因。但停用避孕药之后，科琳用了三年时间才来月经。不过，和所有健康方面的危机一样，这件事有两个层面：医学层面和精神层面。但关于这两个方面，我们都没有得到满意的答案。

在科琳的妈妈还未怀上科琳时，科琳的爸爸就曾发生过一次血栓，这可能使科琳患血栓类疾病的概率更高。但是，在通过基因测试来确认这种病是否会遗传时，医生们并不能得出任何实质性的结论，这让我们感到更加困惑。所以，如果我们不能从现代医学中得到启发，了解科琳为什么会得这种病，那么从精神层面又能找到什么原因呢？

为了找到一些答案，科琳重新阅读了路易丝·海的经典自助书籍《你可以疗愈自己的生命》。海相信，大多数疾病都是由愤怒和压力造成的。她还相信，只要改变我们的精神体系，我们就有能力治愈自己的任何病症。

科琳和我都不完全赞同这种说法，但我的确相信，头脑和身体之间有某种强大的连接，只是我们现在尚未完全了解而已。海觉得自己就是通过这种方式战胜了癌症。她非常相信誓愿的力量，对我来说，这听起来有些不可思议。我可不喜欢这种方式——站在镜子旁，反复对自己说："我光彩照人！"但我认识的不少成功人士都曾这样做过。

> 你有能力改善自己的生活，而且你有必要知道这一点。我们经常觉得自己是无助的，其实并非如此。我们还拥有头脑的力量……请去追求并有觉知地运用你的力量。
>
> ——《你可以疗愈自己的生命》，作者路易丝·海

海在她的书中列出了各种疾病，以及这些疾病在精神层面的根源。我对这些内容产生了真真切切的共鸣，比如，血栓是随着"生活中快乐"的减少而产生的，这简直太对了！科琳当时正在做着一份令她无比抓狂的工作——工作时间荒唐可笑，而且完全没有个人成就感。

这一次，科琳的确受到了警告。于是，她辞掉了那份工作。此后，她遵照自己对健康领域的热情，决定和我一起从事富足方面的工作。直到今天，我们还是不清楚科琳为什么会得肺栓塞（即便是在经过全面的基因检查后，也没有得出结论），但我们相信，压力在其中发挥了一定的负面作用。

我们并没有去找路易丝·海寻求建议，我们只是觉得这些巧合非常有意思而已。有时候，生命中最可怕、最痛苦的经历

可能也是一堂最伟大的课。而且，有时候，我们并不清楚为什么那些可怕的事情会发生。

但是，我们的头脑和精神要比想象中更强大。我并不需要看着谁死去或者濒临死亡才能对此确信无疑。我知道，如果我能花时间呼吸、冥想，并减少压力，我便可以更加从容、镇定地面对痛苦的经历。

简单的冥想

冥想要比你想象中容易得多。我的好朋友和冥想导师查理·诺尔斯提供了四个简单步骤，你从今天起就可以尝试冥想：

1. 坐好。

从舒适地坐好开始，无论这对你意味着什么。对于普通人来说，你可以坐在椅子上，或者坐在床上，让你的脊柱保持垂直。双腿盘坐还是将双腿伸直并不重要，只要你保持身体直立、坐姿舒适就好。

2. 呼吸。

将注意力集中到你的呼吸上。关注你的呼气，让呼气悠长缓慢。呼气时就好像你在特别寒冷的一天刚洗了个热水澡（或者像是在炎热的夏天走进了一个空调房）。你的吸气可以保持正常速度。刚开始练习的时候，你的呼气时间可以是吸气时间的两倍。在吸气时数两下，呼气时数四下。看看如果呼气的时间更长，自己是否会感觉舒适。然后增加到呼气时数六下、八下，甚至更多。

如果你觉得气短，就保持几次正常的呼吸，然后继续让你感到舒适的最长久的呼气时间。这并不是竞赛，只是让你找到自己的舒适点在哪里，然后停留在那儿。

3.放手。

现在你已经确立了很好的呼吸模式，不要试图控制自己的呼吸，只是去关注它。你的呼吸可能会让自己喘不上气，可能会很深入，也可能会变得更快或者更慢，这些都不重要——你只需要关注着自己的呼吸。如果有其他念头跑进你的头脑中，可稍加留意，然后将意识带回对呼吸的关注上。

4.重复进行。

恭喜你！你刚做了第一次冥想。这并不难，不是吗？明天再试一次。你将发现做得越多，就越容易放松。如果你停止了练习，就要重新开始，所以你应该坚持每天练习，直至成为呼吸方面的专家。

练习的时候先从五分钟开始，如果感觉容易的话，就增加到十分钟。如果你发现自己可以在任何时间完成这个小练习，从那时起，要是你愿意的话，可以冥想更长时间。

你可能注意到了，我根本没说要闭上双眼。对于初学者来说，你可能觉得闭上双眼更容易减少干扰，冥想也更容易。但当你越来越有经验时，只要你需要更多平静，你就可以来做这个练习。

　　我打字的时候其实也在按照指令进行冥想，我感觉棒极了。我每天都会做两次冥想，我发现通过将这种冥想练习引入自己的生活之后，就能获得更多平静和积极的感受。我只要有任何闲暇时间，比如工作时、堵车时或者排队时都会做冥想。

增加你的生命储蓄：呼吸

·"头脑—身体"的连接极为强大，而且影响深远。这种连接甚至可以延伸到疗愈层面。

·冥想有助于睡眠，可以减少我们的压力，改善我们的免疫系统，并增强注意力。

·冥想可以带来真正的个人转变。

·请相信你能治愈自己。找到正确的支持系统，聆听自己身体的声音，并诊断问题，写好处方，并放弃对结果的执着。

第七章

和让自己感觉好的人在一起

情感健康是富足的重要组成部分。尽管我们的身体可能没有任何问题，但除非我们的心理状况也和身体状况一样好，要不然，我们都不能说自己是健康的。在本章中，我将探究情感健康方面的一些重要内容。

社会交往至关重要

保持情感以及人际交往上的连接，对我们的健康至关重要。经过医学家和心理学家的验证，情况也确实如此。如果人人都能有几位亲密的朋友，我们的寿命就会更长。

澳大利亚弗林德斯大学的衰老研究中心发现，那些有很多朋友的人要比只有很少朋友的人平均长寿22%。《柳叶刀》杂志的研究显示，那些拥有支持自己的小团体的患有乳腺癌的女性，比那些不属于任何团体的乳腺癌患者的寿命长两倍。

众多其他研究也揭示了友谊的重要性，它不仅对精神健康很重要，对身体健康也很重要。能与支持自己的人在情感、心理和社交层面保持连接，这也是富足生活的重要部分。

社交群体可以被定义为由两个人或两个以上的人组成的互动团体，团体成员有一些相同的特质，并具有统一的目标。马尔科姆·格拉德威尔曾在他的《局外人》里谈到社交团体的力量，团体对儿童的成功同样也发挥着重要作用。

牛津大学的人类学和心理学家罗宾·邓巴也提供了关于社交力量的有趣信息。在进行了多次试验后，他在脑海中构想出了一种名为"邓巴数据"的理念，这个理念实际上是为了说明几种不同的数据会对不同的社交团体产生不一样的影响。

请你设想一下人类大脑的容量，邓巴得出的结论是，个人的社交团体大致可以容纳150人。（我觉得Facebook上的人肯定不喜欢这个观点！）这些人可能是你想邀请参加聚会的普通朋友。邓巴相信任何数量超过150的东西，都会让人脑难以应对。

下一个数字是50，这可能是你愿意邀请参加团体晚宴的朋友人数。

接下来的一个数字是15，这是你信任的亲密朋友人数。

最后是与你最亲密的小团体——与你关系最好的5位密友。他们会对"你是谁"以及"你将成为谁"产生巨大影响。

正如我前面提到的，社交团体是构成情感健康的重要方面。然而，与错误的群体交往则会令我们误入歧途。我一生中曾多次见识过社交团体的力量——好的、坏的、丑陋的。

现在，让我们谈谈社交团体的力量吧！

我们曾做过一些荒诞的事。我们甚至会拿着万能钥匙偷偷打开教室的门，以便从里面盗窃考试题。全班153名学生基本上都参与了这次欺诈。我们学校的竞争太激烈了，大家都想进入好大学——这一切都和分数紧密相关，即使是学习最好的学生，为了提高分数也是"不择手段"。

你在整个过程中的努力并不重要，终点线才是重要的。然而，欺诈行为是可以传染的。当然这是错误的，但你会感觉只有通过欺诈才能保持自己的竞争力。

我要为自己的行为承担责任。这可不是什么值得自豪的事情，因为我经常是那个领头的人。最终，这件事毁了我。

在一次物理考试中，我因作弊被抓住了，老师给了我一个大大的"不及格"。正是这个"不及格"毁了我去常春藤大学打篮球的机会，我被迫去北山野高中又读了一年。

不过，那个"不及格"真正惹怒我的地方是老师只盯着我一个人——全班同学都作弊了，但他只处置了我。那时，我并没有想过，如果我自己的行为无懈可击，这一切根本不会发生。

好吧，我们在高中时做过很多错事，甚至还有更极端的事——我永远都不会忘记和一位朋友的父亲的对话。他的儿子因为酒后超速驾驶，被警车在高速上拦截并遭到逮捕。

尽管那晚我并不在场，但我知道有四个家伙和他在一起——那四个家伙都觉得飙车没什么大不了。这是多么可怕而愚蠢的行为，后来我明白了，他们做出这种行为主要因为同龄人的压力。

> 你不能在肥胖、酗酒和愚蠢中度过一生，孩子！
>
> ——《动物屋》，作者迪恩·沃尔默

同龄人的压力是极为强大的。有时候，我们甚至都不需要坏人教唆就会去做坏事。在社交团体中，决策过程可能就是急剧滑坡的过程。通常，改变你命运走向的并非一个关键时刻或决定，而仅仅是几个很小的时刻或决定。

这就像你在开车的时候看地图，不小心错转了几个弯，但错误叠加起来就能让你彻底走错路，甚至把车开到别的国家。

我们的一些行为确实与年轻有关——充满了男性荷尔蒙的小伙子们总想要酷。这也显示出社交团体的力量，以及不随波逐流有多么困难。这与人的强弱没有关系，却与需要和别人打成一片有关。

你认为自己是团体的一部分，有种归属感，这正是我们内心的关键需求之一——对十几岁的孩子来说更是如此。

但是，如果社交团体会让你在高中或大学做一些滑稽可笑、不安全或不道德的事——这种行为可能会让你的成长出现不可思议的变化——我从mindbodygreen网站用户中看到了无数个这样的例子。

在健康社区中，我见过一些三观极正且善于鼓舞别人的人。他们中的一些人已经成了我的亲密朋友。这种氛围不是建立在举止不当和畅饮聚会之上的，而是建立在真正的支持之上。

当你与那些怀有伟大梦想、追随内心热情，并为梦想而努力的人为伍时，你就会希望自己身上也能拥有这些品质。我曾有过无数次这样的经历，当好朋友或者我本人想出一个疯狂的点子时，大多数人都会立刻皱起眉头、指指点点。但尽管如此，我们还是会热情地展开讨论，并把原来的想法提升到一个新的高度。

随着生命中的一些重大事件的发生，例如结婚、工作、养育孩子，你的社交团体就慢慢变小了。你不再是参加聚会的二十个人中的一员了。身为成年人，你与五位经常相处的朋友组成了一个小团体。

我建议你列出生命中的那五个人，并不时地评估一下他们对你的影响。

除了我太太之外，我现在与谁相处的时间最多？谁是我选择与之相处的人呢（选择是关键）？谁能支持我、鼓励我，并让我成为最好的自己呢？

泰拉·斯泰尔斯是我的好朋友，她的想法总要比别人更加宏大。而且，泰拉是瑜伽界非常成功、知名的人物之一。

最近，她到我们位于布鲁克林丹博区的全新的、面积更大的办公室参观时，惊讶地问我们：“哇，这儿肯定很贵吧？你靠什么支付房租呢？房租让你很紧张吧？”但是，她由衷地为我们感到高兴。她说：“我打赌有一天你会租下整座大厦！”

尽管很多人对我们的业务创意有各种复杂的反应，甚至会表示拒绝，但无论是从前还是现在，泰拉总是支持我们。

泰拉的丈夫迈克也非常支持我们的业务，他是我认识的人中最体贴的一个——他总是问你感觉如何，并且总是对mindbodygreen的业务赞誉有加。他是那种无论你生命中发生了什么事，都会在一旁支持你的人。他真心地热衷于帮助别人，他的所作所为无不彰显出这个特点。

科琳和我经常与泰拉、迈克夫妇一起聚会。能与另外一对有着共同价值观的夫妻保持联系真是太好了。我们也在一起做生意，因为泰拉和迈克也是mindbodygreen网站的投资人。他们就是我身边最重要的五个人中的两位。

我也很庆幸有一位聪明善良的大姨子——凯瑞，我和她有很多时间都会在一起工作，她是我们网站的创始主编。我喜欢凯瑞聪明的大脑和她的同情心。她在网站内容处理方面简直是个天才，而且，她还能用一种积极的质疑态度来平衡网站的全部内容。

她也是我认识的人中最有同情心的一个。她是位非常有耐心的聆听者，对陌生人极为友善。我们的关系的确与众不同，我们经常会像亲姐弟一样打打闹闹。对我而言，她绝不仅仅是我的大姨子，她更是我的知己，我对她充满信任。

我认识约翰·戴德里安很久了（从小学二年级开始）。他是我童年的好朋友之一，尽管我们在高中阶段都没少狂欢作乐，但他最终还是成为我认识的人里最聪明、最有创意的一个。他现在就职于洛杉矶的Netflix公司。

我们每次聚会，都会没完没了地谈论各种话题，电影、电视、书籍、新闻、文化、健康……只要你能想得到的话题，我们都会聊。我们可能几个月都没见过面，但下次见面时总能从上次分手时谈到的话题开始，继续讨论下去。

约翰特别支持我，而且，他的脑子里有无尽的创意。每次见面之后，我都会觉得自己脑海中的创意系统被重新启动了。科琳说听我们谈话特别有意思，因为我们总能用特有的独立波长进行交流。

最后，也是最重要的人——我的太太科琳。与那些每天拥吻告别的夫妻不同，科琳和我都在mindbodygreen工作。即使这样，我们也不会让彼此感到窒息！与我们的朋友们一样，我们的热情都与mindbodygreen密不可分。

科琳总是帮我平衡在家里和在工作中的事务，就如阴阳两面。在家里，她总能启发我去探索——无论是文化、艺术、餐厅还是旅行，鼓励我尝试新的事情。我常常倾向于成为一个墨守成规的人，但她总能以恰当的方式把我从舒适区中拉出来。无论是去现代艺术博物馆欣赏马蒂斯的展览，还是去纳什维尔旅行，她总是鼓励我去体验那些开始会令我畏缩，但最终让我喜爱的事情。

我还要把这份名单拓展一下，再加上我的母亲。这是因为在我的生命中，与母亲在一起的时间要比与其他任何人在一起的时间更长。她总是让我感到自己是被爱的、被支持的，只要我全身心地投入，就一定能成就一番事业。

并不是每个人都有这样的经历，而且从某种程度上说，正是母亲早年对我的爱和支持为我的成功奠定了基础——我并不认为这一切是理所当然的，所以我会永远对此心怀感激。

如果一定要让我总结出这些人共有的特质，我觉得他们都是对世界充满好奇心、心地善良、头脑聪慧，并对学习充满热情的人。他们中没有谁是心情不好的黛比·唐纳（译注：指总是持消极态度并在你身边喋喋不休的人），他们都是敢作敢为，努力成就伟大事业的人。和他们在一起，使我希望自己也能成为更好的人——他们向我证明了人生确实充满了各种可能性。

想想对你影响最大的五个人。他们向你传递的是正能量还是负能量？和他们在一起时，你觉得自己是更优秀了，还是更糟糕了？他们是让你展现出自己最好的一面，还是恰恰相反？如果有人正使你沉沦，你怎样才能少花时间与他相处，而多花时间与那些能提升你才能的人交往呢？

你没必要一夜之间与这些人断绝往来，你可以随着时间的推移，慢慢与之疏远。你越这么做，就越会发现——这么做其实挺简单的。

> 不要走在我身后，我可能不会引导你。不要走在我前面，我可能不会跟随你。请你走在我身边，成为我的朋友。
>
> ——佚名

能量是可以被感知的

你身边是否有能让你感觉良好的朋友或者家庭成员？他们
并不是通过奉承你、讨好你或给你买东西让你感觉良好，而是，
只要他们在附近，你一整天都会觉得心情愉快。他们与你握手
的方式、给你的拥抱或只是和你坐在一个房间里，都会提升你
的热情。

这种感觉是难以形容的，但当我们与自己真心欣赏的人相
处时，就会有这种感觉。

如果我们身边是那些释放着负能量的人时，情况就完全相
反了，他们总是让我们有筋疲力尽的感觉。他们说的负面语言、
他们挑剔的表情都可能影响我们。哪怕是有积极的事情发生时，
他们头顶上也似乎笼罩着乌云。无论他们以何种方式表达情绪，
只要他们和我们共处一室，就会损耗我们的精力。

生活中确实有积极的能量存在，正如我们身边总会有积极
的人。我将办公室设在布鲁克林的原因之一，就是在这里可以
感觉到那种创造性的能量——有那么多企业家和艺术家聚集在
一起，连空气中都洋溢着各种创意气息。

这与市中心完全不同，那里只有高楼大厦和西装革履的行人，你所能感受到的只有人们的压力、愤怒和行色匆匆。而当你在我所在的街区附近行走时，会感受到那种创造性的能量——这种能量完全超越了对着装和发型的要求。

每当和朋友们——尤其是兄弟会和打篮球的伙伴们——在一起时，我都能感受到那种能量。这并不是什么不好的感觉，它只是种完全不同的感受。

在你的日常生活中，能量真实存在的概念意味着什么呢？对我而言，这很简单，就是选择与让我感觉好的人在一起，不与那些不能把我最好的一面发挥出来的人相处。

> 如果你在早上遇到了一个混蛋，你只是遇上了一个混蛋。但如果你觉得一整天遇到的人都是混蛋，那么，你才是混蛋。
>
> ——《火线警探》，作者雷伦·吉文斯

乐观的力量

乐观可以对我们的情感富足产生重大影响。同时，它对结果也能产生重大影响，尤其是在体育运动中。

在马丁·塞利格曼博士的著作《习得性乐观》中，描述了乐观与获胜、悲观与失败的直接关联，并解释了我们是如何通过"ABCDE"的方法学会并保持乐观的。

此前，另一位心理学家阿尔伯特·伊尔已经发现了"ABC模式"：

逆境（Adversity）有人在路上超了你的车。

相信（Belief）于是你心想："这个蠢货！"

结果（Consequence）你对着司机嚷道："嗨，你个蠢货，超我车干什么！"

塞利格曼博士在"ABC"模式的基础上，增加了 D 和 E 两项内容：

辩论（Disputation）　这时你提出了一些相反的观点，例如："也许这个司机家里有急事呢？"

增能（Energization）　此刻，你应该为自己并没有因为被超车而发飙感到高兴！

塞利格曼博士还指出了乐观主义者和悲观主义者的区别：

在过去的25年里，我一直在研究乐观主义者和悲观主义者。悲观主义者的决定性特质在于，他们相信坏的事情会持续很长时间，这将毁了他们做的一切，而这一切都是他们自己的错误。

而当乐观主义者遇到了同样的困难时，他们会从相反的角度考虑自己的不幸遭遇。他们认为失败只是暂时性的，失败的原因也只局限在这一件事上。乐观主义者相信失败并不是他们的过错，是环境、坏运气等造成的。这些人并不为失败而苦恼。当他们面临某种不好的境遇时，会将其视为一次挑战，并且更加努力地尝试。

你是乐观主义者还是悲观主义者呢？好消息是，你可以改变自己的看法，并且积极地改善你的情感健康状态。

聆听发自内心的声音

优化你的情感状态的另一个方法是，你要知道何时应该按照自己的直觉采取行动。如果你强烈地感觉到某件事情不对劲，或者说你不得不以某种方式行事，那么，听从你的直觉是正确的。对此，我有切身的体会。

那是9月一个普通的周二早上，阳光明媚。我在位于纽约市中心宽街50号的交易所上班，这里距离世贸中心有几个街区远。标普期货指数表现平平（这是标志股票市场起起落落的指数，也是发生重大新闻的信号）。突然，数据向下猛冲，我马上想到，肯定有什么大事发生了。

我紧紧盯着CNBC（美国NBC环球集团持有的全球性财经有线电视卫星新闻台）的屏幕，上面报道说世贸中心发生了爆炸。爆炸原因还不清楚，情况一片混乱——有报道称是小型飞机撞击了大厦，还有报道说是爆炸。不久之后，又发生了大爆炸。后来，人们才清楚地知道——有飞机撞击了世贸大厦。

肯定出大事了！我有一种强烈、黑暗的感觉，这是我在以前从未有过的感受。我需要离开这地方，马上！大楼里的人还在讨论着到底发生了什么事，他们试着联系在世贸大厦里面或者在那附近工作的朋友、亲人或者恋人。还有很多人只是站在那里，议论纷纷。

我用座机给母亲打了个电话，告诉她发生了什么事。我告诉她我没事，但我要马上离开公司，去她位于长岛的家。我告诉同事我要走了，并且劝说他们马上离开。我甚至都没有乘坐电梯，直接从十五楼跑了下去。

道路上的瓦砾残片越来越多。我永远也不能忘记，并且直至今日都不能理解的是，我似乎是唯一的从世贸中心附近快速离开的人。路上的人群不紧不慢地走动着，有些人甚至朝着世贸双塔走过去。他们可能只是想看看到底发生了什么。

我跑向一台自动取款机，取了些钱，然后在一家熟食店换了些零钱。我的手机一直嗡嗡响——都是打进来的电话。我跑向威廉斯堡桥，拦下一辆出租车，直奔母亲家。就在这时候，我从广播里听到世贸中心的第一座塔楼已经倒塌。等我到家的时候，第二座塔楼也倒塌了。我走进家门，紧紧地拥抱了母亲和外祖母——然后我彻底崩溃了，号啕大哭。

这是一次极端的经历。当出现危险时，你的直觉会向你袭来，你立刻就能感受到。恐惧对我们得以幸存至关重要。我觉得，我在"9·11"事件中能幸免于难，凭借的就是一种强大的直觉。我很高兴自己能够马上按照直觉行事。

我相信谈到直觉的时候，我们都曾有过这种感觉，无论它是好是坏。无论是在杂货店挑选物品这样简单的事情，还是在工作团队中雇用新人这么复杂的事情，倾听内心那种激流的声音就是正确的决定。你越留意它们，就越能感受到它们，它们也会越发强大。

有时候，那种感觉就像海啸一般强烈。你也可以试着忽略自己的直觉，但那样你不一定会取得什么成功。那种波动或者直觉反应要比你本人强大得多，且总是会轻易战胜你。如果你试着违背直觉做事，很有可能会受到伤害。有时可能只是受些小损伤，但当这激流如怪兽般强大时，结果就会严重多了。

只要我没有听从自己的直觉行事，后果就是灾难性的。从交女朋友到寻找生意伙伴，再到日常决定，每当我感觉事情有些不对劲的时候，就总会出问题。

从另一方面讲，每当我觉得这个人可以结交，这个地方值得一去，或者这件事情是正确的或是应该做的时候——结果总是完美的。

你到底应该做什么

咨询师雪莉·佩罗对"应该"这个词做了些有趣的解释，她还介绍了这个词是如何对我们的情感健康产生负面影响的：

我总是从客户那里听到这样的话：

我今晚应该参加那个重要的聚会。

我应该对社交感到更兴奋。

我应该在假日里感到开心。

我应该多花些时间培养专注力。

……

每当我听到一句"应该如何"的陈述，我就知道我的客户正承受着来自外部的某种期望，然后不可避免地将自己的所作所为与理想中的"好的"或者是"正确的"行为进行比较。

我们就对那句"我应该对社交感到更兴奋"来进行说明吧。你可能会有这样的认知——如果你善于社交，或者你是别人的好朋友，那么你会期待见到自己的朋友们。

如果你是内向的人，可能只愿意与一两位朋友交往。因为花时间与一大群人交往通常会让你感到疲惫。如果你不能接受自己的性格或者脾气、秉性，那么你可能会这么想：肯定是我哪里做得不对。然后，你就会感到焦虑。

但是，你可以看到，这种焦虑正是源于那种"应该如何"的陈述，这意味着你正按照外部的关于"正确的感觉"或者"正确的行为"的标准来衡量自己。而在友谊中，没有所谓"正确的感觉"，只有"什么对你而言最合适"。

让我们再研究一下另一句"应该"的陈述："我应该多花些时间培养专注力。"虽然专注、用心的确被证实能够提升幸福感，但是，如果你只是因为认为自己"应该"练习专注，而并不是真心想去做，那么你很快就会发现，那些练习会让你慢慢陷入某种自己营造的怨恨情绪之中——因为你觉得自己被外部"成为一个更好的人"的要求控制住了，于是会拒绝其他那些对你好的事情。

很多人都是听着别人喋喋不休地讲述各种规则长大的，所以，当"应该"这个词渗透进现实时，我们对它的反应就和对那些"为我们好"的守护者或权威人士一样——心怀抗拒（因为没有人愿意被控制）。

再说说另一个"应该"的陈述："我今晚应该参加那个重要的聚会。"

几周之前，我的一位朋友被邀请参加她先生公司举办的聚会，但她已经好久没有休假了，感到身心俱疲。尽管这样，她还是觉得自己应该去，因为这是别人期望她做的事，如果拒绝参加，她先生也会感到失望。

"其实我只想回家洗个热水澡。"她告诉我。

"那你为什么不回家洗个热水澡呢？"我问她，"很明显，那才是你想做的事情啊！"

然而，她那种来自"应该"的负罪感还是战胜了内心的愿望，她终于还是去参加了聚会。但在回家的路上，她和先生大吵了一架，因为她并不是心甘情愿地去参加聚会的。

我保证，她先生宁愿独自参加聚会，也不愿意和根本不想赴约的太太一起度过整个晚上。

源于"应该如何"的行为并不是出自真正的爱。我的朋友之所以参加那个重要聚会，是因为她想努力做个好太太。她不仅背叛了自己的真实意愿，也背叛了她的伴侣。

这并不是说，我们不应该去做那些为了满足别人的利益而搁置个人需求的事。然而，你要知道，当我们反复地为了取悦他人而忽视我们内心的需求时，其结果往往适得其反，甚至是灾难性的。

为了治愈这种对"应该如何"的上瘾症，请留意你在对话中使用了多少次"应该"这个词，然后观察当你陷入这种状态时有什么感受。

当你听到"应该"这个词时，问自己："现在做什么才是对自己和他人最有爱意的事情？"最后，请聆听自己内心的答案。

增加你的生命储蓄：感受

·即便是成年人也会受到社交团体的影响。拒绝成为羊群中的一只羊，要为自己考虑。

·想想身边对你影响最大的五个人。你是从他们那里获得积极的正能量，还是恰恰相反？

·直觉可以成为你应该怎么做的强大指引。永远不要忽视你的直觉。

·你是否可以想起以往没有听从内心直觉的一次经历？那之后发生了什么？

第八章

爱

在前一章中，我们了解到爱自己的重要性。

如果你总是屈服于群体意识强加给你的压力之下，并因此感到失落，你是不可能幸福的。而富足的另外一个强大组成部分就是，感受到其他人对你的爱——这份爱并不单单指爱情。

在本章中，我将讨论浪漫的爱情与纯精神友谊，以及这些要素是如何成为富足重要和美好的组成部分的。

> 你只有感受到自己内在的平和，才能真正找到与其他人的连接。
> ——《爱在黎明破晓前》，
> 作者理查德·林克莱特

你应该全心全意地对自己的幸福负责。没有任何东西或者地方——尤其是没有任何人——能让你感到幸福。

当你对自己的幸福负责，而不是依靠伴侣来获得那些幸福时，你们的关系才能牢固。当你依靠他人来让自己幸福时，不仅会对他人造成负面影响，你和你的自我价值也被放到了他人手中。无论那双手有多么充满爱意，多么充满关怀，多么有魔力，你都不应该将自己和自我价值放在那双手中。

比如，有这样一对夫妻，迪克和简。假设我们用重量单位——盎司[①]来衡量幸福，那么，简有16盎司的幸福，迪克只有8盎司的幸福。于是，他们总共有24盎司的幸福。但要看到，简为这共同的幸福贡献了2 / 3。

这对他们来说都不好，因为一个人耗尽了自己的幸福之后，就会索取另一个人的幸福来弥补。短期来看，这没什么问题，但长此以往，这种关系就不具备可持续性了。

根据我的经验，为自己的幸福负责是任何一种关系的基石。但是要想获得真正的幸福，你需要成为真实的自己，你的伴侣也是如此。你必须在他的人生旅程中爱护、支持他，他也应如此对待你。而表达真实自我的能力，则是幸福及每一种人际关系的基本构件。

> 只有当灵魂伴侣能够一起成长的时候，他们在一起才是合适的。
>
> ——《灵魂的座位》，作者加里·朱卡夫

---

① 盎司，1盎司 ≈ 28.35克

我第一次坠入爱河时，那种感觉太神奇了——就好像走进了一个全新的世界。我喜欢那种感觉。它是令人兴奋的，而我就在其中。那时我23岁（没错，我确实相信年龄对一份关系能走多远有影响）。

当时，我大学四年级，还有几周就要毕业了。毕业前一天，我不得不去请求一位老师把我的成绩从"D"改为"C"。她给我改了成绩后，我才勉强毕业。让你了解一下那时候什么才是我优先考虑的事情——为了腾出地方做酒吧间，我甚至把自己的书桌从房间里扔了出去。

就在临近毕业时，我遇到了我的初恋。起初，我们非常相爱。然而随着时间的推移，我们之间的关系发生了微妙的变化，出现了不稳定的迹象——尽管我们爱着对方，但争执越来越多，信任也被不断侵蚀。

随后，她决定去巴塞罗那度过一个学期——那是她一直想做的事情，而且她也下定决心要走。我自私地希望她能留下，希望她能好好照顾我——照顾我们——那样的话她就不想离开了。

我希望她把我放在第一位考虑——放在她自己的目标和梦想之前。我第一次感到自己的心碎了，这并不是因为她选择了去巴塞罗那，而是因为我发现这个曾被我认为是自己灵魂伴侣的人，其实并不是——也许她也能算是灵魂伴侣，但并非我所定义的那种灵魂伴侣。

其间，我去巴塞罗那看过她两次，明显感觉到她和以前不一样了。学期结束后，她又搬回了纽约。但是，我们都知道，我们不可能回到从前了。她和我的关系越来越疏远，她告诉我，尽管她仍然爱我，但她在国外的时候还是发生了些变化。

我并不想听她的解释，而且我也不理解她。那时候，我总觉得爱情可以征服一切，她却说只有爱情并不够。或许，我的那种爱情观是错误的。

她是对的。不久后，我们就分手了。也正是这个时候，我的职业生涯刚开始，我在一个月内就赚了28000美元，但是我一点儿都不高兴，我宁愿用所有的钱去换回已消逝的感情。

> 我不再相信一见钟情的说法了，但是我开始相信，如果你幸运的话，你最终会遇到那个最适合你的人。这并不是因为他是完美的，或者你是完美的，而是因为你们的缺点组合在一起，恰恰可以使两个独立的人靠拢在一起。
>
> ——《蓝眼睛坏男孩》，作者丽莎·克莱帕丝

我通过喝酒进行自我疗愈。在往后的几年中，内心深处不断折磨我的，由分手和争执带来的不安全感，对我产生了巨大的负面影响。无论出于何种原因，分手都是令人难以接受的，对我来说，这种经历尤其具有毁灭性。突然积累的财富与突然崩溃的个人生活形成了鲜明对比，在这鲜明的对比中，我迷失

了自己。现在我已经学会了如何对自己的幸福负责，但在那时，我却无法找到方向。

有人说，忘记一个人最好的方法就是去认识另外一个人，但我对此毫无兴趣。毕竟体验过所有伤心和痛苦之后，我对个人成功的全新阐释就是拥有很多钱，在上岁数之前绝不安定下来。

那时候，皮尔斯·布鲁斯南主演的电影《偷天游戏》刚刚上映，我记得当时想过："我要成为那个家伙！"财富对他来说已经没有意义了，而且他直到快五十岁时才找到让自己安定下来的东西。于是，《偷天游戏》的主角（除去抢劫的戏份）成了我心中的新英雄。

我去纽约最好的餐厅和酒吧把自己灌得酩酊大醉。我不停地畅饮狂欢，想借此忘记那件伤心事。但其实我也知道，这根本无济于事。我仍然渴望真实的感情，渴望能去爱一个人，能去拥抱一个人，并与她共度此生。

但在当时，我还没有做好准备。

后来，我又爱上了一个在飞机上遇到的女孩。那段关系很短暂——只有四个月——但我依然摔得又重又狠。分手后，我再一次心碎了。我恸哭不已，甚至咒骂造物主："为什么又一次这么对我？我并不想要这些，为什么让这种事再次发生！为什么？"

有件事成了我们之间的一个问题，那就是我放不下以前那段感情经历。但我们分手之后，我意识到这个问题根本就不重要。在遇到她之前，我就计划着过单身汉的生活。但与她分手之后，我决定转向一个完全不同的方向，我发誓下次与我共度良宵的女人就是我要娶的姑娘。

这有些走极端，而且这也并非问题的答案，但我还是这么决定了。我已经受够了令人心碎的分手，我需要把注意力集中到自己身上。

无论你身边发生了什么事，都不要太感情用事……别人做的事都不是因为你，而是因为他们自己。

——《四个约定》，作者堂·米格尔·路易兹

三种类型的灵魂伴侣

我相信，世界上有三种不同类型的灵魂伴侣：

第一种是注定不会永远和你在一起，但会将经验传授给你的人。这种灵魂伴侣往往会成为你生命中最有影响力的老师，同时也是最让你心碎的人，他与你的关系不会长久——命中注定不会长久。

第二种灵魂伴侣是让你真正成为自己的人，是永远和你在一起的人。

第三种灵魂伴侣是与你建立纯精神友谊的人，你总是与他保持着联系，并且觉得自己能够与他分享内心深处的想法和情感。

在我第一次真心投入的情感经历中，我用了几年时间才了解到——这世上所有的爱情和感情，不一定都能成为一种长久的关系——情侣之间只有爱情远远不够。你爱某个人，他也爱你，但这并不意味着你们就应该在一起。你的伴侣应该把你变得更好、更完整。

实际上，我认为，他应该使你变得比“完整”更丰富，尤其是不能把你变得更匮乏。一加一并不应该等于一点五或者二，它应该等于三。

在我受到了严重的情感伤害之后，我的第二段感情给了我极大的帮助。尽管她并不是我永远的灵魂伴侣，但她帮我渡过了很多难关。要知道，在遇到她之前，我的人生已经完全偏离了正轨。那时候，我只想着通过证券交易挣更多的钱，认识更多的女孩。我需要一次强有力的轨道调整，而那次感情经历正是我所需要的。

第二种类型的灵魂伴侣是能让你感受到一加一等于三的存在。他就是那个能让你变得更好的人——是那个允许你成为真正的自己，并且感觉舒服的人。这种灵魂伴侣会帮助你成为最真实的自己。他是锦上添花的人，就像是蛋糕上的点缀。一块蛋糕可能本身就很美味，但如果你在蛋糕上放了可爱的装饰物，它就会更令人难以忘怀。

在你们都已经做好准备的时刻，你们遇见了彼此，不早也不晚。那句"时间刚刚好"对这种灵魂伴侣来说尤为正确。

在我的生命中，我曾多次觉得这句话就是至理名言，尤其是在与感情相关的事情上。你已经和不少人约会，经历过多次逢场作戏，还有几次分手后的心碎。可是，不早不晚，当你真正准备好了，能以开放的心态面对一切事情时，那个正确的人恰好走进了你的生活。

真爱的道路从来就不是平坦的。

——《仲夏夜之梦》，作者威廉·莎士比亚

科琳和我是在2007年11月9日，经朋友介绍认识的。我去旧金山出差（这再次说明了时机的重要性），那边的朋友组织了一场聚会。就是在这次聚会上，我第一次见到了科琳。聚会地点是在旧金山码头区一个俗气的红酒屋里，我和科琳一起度过了六个小时。

现在回想起来，其实我们都不喜欢那个地方，第一次见面是在一个我们都不会去的地方，想起来就觉得滑稽。记得当时我和朋友正在喝红酒，她从旁边走了过来，光彩照人。我至今都难形容当时的感觉，就好像心里突然有什么东西挤了进来。

我们无所不谈，从餐厅、艺术到甜甜圈。

我们之间的对话毫不费力。她漂亮、聪慧、善良而幽默，还喜欢老人（任何在遇到老人时内心会变得柔软的人，都在我心里有着特殊的地位）。我们在点了巧克力甜甜圈之后结束了约会。我叫了辆出租车，送她回了公寓。我们没有接吻，我甚至连她的电话号码都没要。

但在那天晚上，还是有些事情发生了变化：当她就要走下出租车的时候，我很确信我还会再见到她。我心里有种奇怪的确信感，这是我从来没有感受过的。

第二天，我从我们共同的朋友那里要来了她的号码，然后和她在电话里聊了好几个小时。(我打破了"约会铁律",比如第一次约会后不要给姑娘打电话,现在看来真是歪打正着。)

一周以后,第二次约会时,我们去了位于俄罗斯山的一家法国小餐厅。

约会之前,因为工作安排,科琳必须去纽约工作几天,但幸运的是,那天之前,她抢到了回旧金山的最后一张机票,在我离开之前赶了过来。

你们肯定会觉得,科琳能赶在一群享有优先权的乘客之前登机是个奇迹。事实上,她能赶上那趟飞机确实是个奇迹。如果她没能赶上飞机,就不可能有我们的第二次约会,因为我第二天就要飞回纽约。如果没有第二次约会,我就不可能吻到她了。我也不会知道自己要娶的女人——我的灵魂伴侣,那种永远的灵魂伴侣——就是科琳。

让我最终决定娶科琳的还有一件事,就是我们可以连续几个小时不停地交谈,而不会觉得有一丝乏味。

我发现,自己会和她分享通常不会与别人分享的事,也发现自己竟然会因为她的几句话而对平时不会感兴趣的事情产生兴趣。我从以往的东张西望、漫不经心变成了只盯着眼前这个人。我有了一种想和她分享生命中所有事情的冲动——不仅仅是好事,也包括坏事。

就像我刚才说的,我们在第二次约会时第一次接吻。那时,我就知道,她是我要娶的女人。几个月之后,我们已经开始谈婚论嫁。对此，我从来没有过任何怀疑，即使到最后关头我也没有退缩。

一年之后，我向她求婚。于是，在距离第一次见面十六个月之后，我们结婚了。

　　　　爱一个人，并且让他也爱你，这是世上最宝贵的事情。

　　　　　　　　　　——《营救》，作者尼古拉斯·斯帕克斯

爱情究竟意味着什么

爱情究竟意味着什么？爱情是超越迷恋的感情。你一定会被伴侣吸引，但是这吸引力只能维持很短时间。爱情一定要更加深入、更加强烈。

爱上一个人一定是因为他本身的样子，而不是因为你所期望的样子。

真正的爱情是利他的，这意味着要把他人的需求放在自己的需求之前；这意味着即使他生病了，或者情绪低落，或者容貌改变了，你依旧会和他在一起；这也意味着当你变老时，他也会变老，同时你不会抗拒或者厌恶对方的变化。

当你们在一起时，彼此能将最美好的东西显现出来。

总结一下，我相信我们有两种浪漫的灵魂伴侣。第一种灵魂伴侣和你的关系不会持久，他只是帮助你从A点到达B点，并确保你在这过程中学到经验；第二种灵魂伴侣是那个允许你成为真正的自己的人，是和你永远在一起的人。当你和命中注定要在一起的人相处时，他不会带给你任何不安。实际上，他会赶走不安感，并让你将最好的一面展现出来。你和你的伴侣都对真实的自我感到开心，而你们在一起时会让彼此更加开心。在这种理想的场景中，一加一等于三。

第三种灵魂伴侣是与你建立纯精神友谊的伴侣。这种灵魂伴侣与第一种很相似，除了没有浪漫可言，他是我们的朋友。

实际上，我们一生中会结识很多这样的人。他可能与你几周、几个月，甚至几年都没见过面，但是只要你们见了面，或者开始交谈，就可以立刻重拾以前的话题。你们也可能在生命中的某个阶段交往很深、接触频繁，但后来因为搬家，或者是其他什么原因而彼此疏远，甚至各奔东西。

还有一种情况——即使你们每年只能见一两次面，也依旧是终生的挚友。这种类型的灵魂伴侣在我们的生命中为数众多。我有很多这样的朋友，比如从小就一起冒险的伙伴约翰·戴德里安（我们从童年起就彼此相识），大学里与我形影不离，或者我应该说与我的酒吧凳形影不离的奥斯丁·米立肯。他们只是这些年来我那份长长的、非浪漫关系的灵魂伴侣名单中的几位。

我也有一些只走进我生命里几周时间，然后就匆匆离开的灵魂伴侣。他们是我从自己的道路上偏离时帮助我重回正轨的朋友。他们是我曾与之分享自己独特经历的人，是超越了工作关系，能够与之分享自己生命变化或者迷失状态的人。

当然，还有那种经常被忽略的灵魂伴侣，他们会在我们的生命中突然出现，然后迅速消失。在我们最需要的时刻，他们说出了我们最需要听到的话，给了我们最需要的帮助，然后就永远地消失了。

他可能是在电梯里称赞你的陌生人，可能是杂货店里的收银员，甚至可能是与你擦肩而过的路人。你知道这些人存在，尽管你经常忽略他们。

我并不想陶醉其中，但我还是要说："我们都是走在精神旅程上的灵性个体，有着许多非浪漫关系的灵魂伴侣，他们会在我们人生的每一个时刻陪伴着我们。"

> 我学到的事情之一，就是如何接受称赞——只要说一声"谢谢"。这是充满自信的人会做的唯一反应。
>
> ——《心理游戏》，作者尼尔·史特劳斯

无论是否有灵魂伴侣，维系关系都是一件困难的事。即使是最好的关系，想在历经人生坎坷之后保持不变，都需要付出很多努力。是的，你的灵魂伴侣可能会出现在这里，或者那里，但当生命中发生各种状况时，你又该怎么办呢？

你是否拥有一位永远的、浪漫的灵魂伴侣，还是有几位灵魂伴侣在等候着你？比如说，如果你没有在二十几岁的时候遇到自己那位浪漫的灵魂伴侣，那么，在你三十几岁的时候，是否会有另一位在等着你呢？我觉得会有的。

沟通是关键

不仅仅是金钱和健康问题能够扭曲或打破曾经的稳固关系，随着时间推移，一些小事情也会逐渐侵蚀并改变一段关系——如同一栋大厦的地基充满了裂缝，整个大厦都会随时倾覆。在日常生活中，有些事看上去微不足道，但日积月累就会使原本稳固的关系脱离了轨道。

有些小事情其实是很重要的，但也有些小事情可以忽略不计。当科琳不把所有的碗碟放进洗碗机时，我简直无法忍受；而我不打扫厕所，也会把科琳逼疯。但在日常生活中，这两件事并不重要。真正重要的"小事情"是那些与沟通有关的事情，尤其是当你遭遇挫折或者对伴侣的沟通模式缺乏了解时。

举例来说，当科琳感到有压力时，她会转换到自我关怀的模式——去做个面部护理、针灸，或者练习瑜伽。我曾经强迫她告诉我，到底是什么事情让她感到压力重重，并努力地想从令她不快的事情中找到一些解决方法。但她希望我做的只是聆听，而不是提出建议或出主意。她希望我让她按自己的方式关照自己。

　　而我的情况恰恰相反，当我感到有压力时，我就想找人谈谈，我几乎无法做到守口如瓶。随着时间的流逝，我们都已了解了彼此的沟通模式，也学会了如何处理那些情况。

灵魂伴侣至关重要

当你试图找寻永远的灵魂伴侣时，请记住一共有三种灵魂伴侣。即使你感觉现在与之相处的人不会永远和你在一起，也要意识到他将经验传授给你了，这将帮助你找到真正的灵魂伴侣。

当我们感到低落时，纯精神友谊的灵魂伴侣能帮助我们提升精神的境界，他们会使伟大的时刻变得更加美好，并帮助我们走过那些艰难的岁月。

我最喜欢的关系领域的专家是我的朋友苏·约翰逊博士。以下是她关于如何避免在与浪漫的灵魂伴侣交往的过程中遇到的一些陷阱，以及如何创造不可思议的浪漫关系的一些建议：

那些聚焦于不良行为或者缺乏沟通技巧的理论，关注的往往是一对伴侣不幸福的症状，而不是问题的根源——那种被遗弃之后在生命之流中漫无目的地漂泊的巨大恐惧。

不和谐的关系通常是人们对懈怠感的无意识的对抗，以及企图要求——甚至是强迫——伴侣回到情感连接之中。以下就是一些不和谐的征兆：

1．害怕批评。

当情感饥渴成为常态，我们的视角就会随之发生变化：开始觉得爱人像敌人一般，最熟悉的朋友也会变成陌生人。信任已死，悲哀袭来。我们不愿听到任何批评的话，或被告知自己需要改变，尤其是这种信息来自我们所爱的人。来自爱人的批评使我们恐惧，恐惧自己会被拒绝或抛弃。

2．有害的拖延策略。

有时候，当我们受到伤害或侵犯时，会因为害怕而不敢声张。这就像是我们在与伴侣进行二重唱时的一处停顿，它会允许我们重新整理一下思路，并找到平衡点。当这种反应成为对伴侣指责的习惯性反应时，就是有害的。当我们采取逃避拖延的策略时，会将自己的情感切断，把自己冷冻起来并退回到麻木不仁的状态。但是，当一位舞者离开舞池的时候，也就不会再有舞蹈了。

3．互相挑剔。

当批评和拖延策略产生的压力越来越频繁地出现时，它就会变得根深蒂固并逐渐侵蚀我们的关系。这些都具有巨大的破坏力，以至于任何积极的行为都会大打折扣。当一对夫妇的行为范围变得狭窄了，他们对彼此的看法也会变得狭隘。对方在自己心目中的形象就会大打折扣：他就是个吹毛求疵的害人精，他就是个遮遮掩掩的乡巴佬。伴侣们会对来自对方的诽谤和侮辱异常敏感和警觉。他们怀疑对方无法带给自己美好的时光，哪怕只是片刻。

4.需求得不到满足。

婚外情会使一段感情立刻陷入麻烦之中，但其他危机也有可能导致同样的情况。而这与我们的期望截然相反——我们都希望自己的爱人能成为自己悲伤时的避难所。如果我们不能理解"执着依恋"的不可思议的力量，就可能会因为不知道该如何应对而在不经意间伤害到我们的伴侣。当我们呼唤爱人做出反应、给予关爱，却没有得到反馈时，我们的内心就会产生强烈的需要，情感就会变得格外敏感脆弱，这正是灾难性事件的标志。在这些情况中，对"执着依恋"问题——"当我需要你的时候，你在吗？""你是把我放在第一位吗？"——的回答是一个响亮的"不"！

因未考虑对方感受而做出反应，造成的伤害不可能被束之高阁。大多数人在谈论此事时，都会本能地想到这些伤口，很多人甚至不相信这些伤口是可以被治愈的。实际上，它们是可以被治愈的，即便他们之间的关系已经岌岌可危，也是能被治愈的。

从现在开始你就可以创造出一种令人满足的，如避风港一般的关系——修复你与伴侣之间的情感纽带。

抛弃那种"爱只发生在你身上"的过时理念，浪漫的爱情已经不再神秘。你可以学习它的法则。你个人对情感的控制力要超出你的想象。你可以重新塑造自己理解的一切，第一步就是学习爱，学习这门关于情感连接的艺术。

　　每天试着去接触某个人，试图得到他们的关注和爱。请接受这个理念："爱是一种古老的、固定的生存代码。"当你与自己的爱人一起维护情感平衡时，你会变得更快乐、更健康、更强大，更能应对压力，而且你的寿命也会更长。我们需要自己的爱人，他是你最大的能量来源。我们没必要自给自足，因为即使是我们中间最强大的人，也需要这种连接。

　　当你感觉担忧或者焦虑时，试着和伴侣谈谈你的感受，同时也要注意伴侣发出的情感信号，及时伸出援助之手。爱的连接会为我们提供一个避风港，我们可以去寻求庇护，重新获得情感的平衡。最新的研究显示，只需握住爱人的手，就能够使我们的大脑平静下来，让恐惧停止。

　　你是否能注意到自己很难开诚布公，有时候甚至会有防御性、距离感或者幽禁感。我们都了解心态的开放是维系坚固、持久的感情的基础，你是否可以采取主动与伴侣分享的方式，一起寻找使你难以开诚布公的原因。

　　反思一下你和伴侣通常是如何互动的。你们愿意与对方交流吗？当你的伴侣感到伤心，或者对你没有反应的时候，你会怎么做？你会推动彼此之间的关系，还是会离开呢？请告诉伴侣一件你需要帮助的事情，而不是远离他。

　　当你与伴侣发生争执时，深呼吸，就好像自己是只爬在天花板上的苍蝇，然后再回过头看发生的争执。当局者迷，旁观者清。也许换一个角度，就能解决你们之间的争执。也许你们其中一方正试图努力解决问题，另一方却因为听到批评而望而却步。放下自己的偏见，与你的伴侣开诚布公地谈一谈吧！

通过每天做一个爱意游戏，邀请你的伴侣进入更密切的关系之中。想一件当天发生的事，然后观察对方的表情，试着找出自己是否看到了六种基本感情中的一种：快乐、惊奇、伤心、愤怒、耻辱（尴尬），或者恐惧。看你猜得对不对。

请留意这样的事实，情感伤害会使正常的关系脱离正轨。只是因为你太重要了——你是他的依靠，有时你的一个小小举动就可能会给他造成巨大的痛苦。在某个亲密的时刻，询问你的爱人内心是否有尚未愈合的伤痛，试着帮助他治愈这种伤痛。在通常情况下，你只要告诉他你能感受到他的伤痛，并且愿意提供帮助，就能创造奇迹。

尊重你们的连接。创造一种你们都认可的小仪式：可以是早上离开家时，亲吻对方；也可以是刚到家时，与爱人有十分钟的特别相处时间（切记不要让任何工作或者电子屏幕打扰它）。

增加你的生命储蓄：爱

·有两种浪漫的灵魂伴侣：一种是在我们的人生旅程中，教会我们重要人生课的人；一种是永远与我们相伴而行的人。

·世上所有的感情并不总能保持一种长久的关系。一位浪漫的灵魂伴侣能让你变得比原来更好，从而实现一加一等于三。

·第三种灵魂伴侣能与我们建立纯精神友谊，他与我们有很深的连接，是我们的朋友。即使我们暂时失去了与这位朋友的联系，但再次见面，还是能很快变得亲密无间。

·要想拥有充实的人生，这三种灵魂伴侣都不能缺少。

第九章

从身到心的疗愈

身体的健康对富足的重要性是显而易见的，每个人都要善待自己的身体。有时候，我们可以通过自我关怀来保养身体，比如瑜伽、休息和饮食；但在其他时候，我们则必须依赖专家的帮助。

> 当健康缺席时，智慧就难以表达，艺术就无从施展，力量就不能去战斗，财富就毫无用处，知识就无用武之地。
>
> ——赫罗菲拉斯

2012年秋天，我经常感到疲惫和焦虑。起初，我以为这是因为压力过大——当时飓风"桑迪"刚刚袭击了纽约。从很多方面来说，这场灾难把"9·11"事件发生时的那种感觉带了回来——整座城市都封闭戒严了，空气中弥漫着不祥的气息。

我决定通过练习瑜伽、进行更多的冥想、多喝蔬果汁来缓解自己的压力，但这些方法都不奏效。我还是觉得身心俱疲。在睡了一整夜之后，中午还要再睡两个小时，我不清楚为什么会这样。我本以为可能是自己需要一个假期，于是和科琳一起飞到迈阿密，在海滩上放松了几天。但这也没有减轻我的症状。

后来，我到好朋友弗兰克·李普曼医生那里就诊，他觉得我身体里可能有某种寄生虫，或者按照他的话说——有某种"小虫"。

能意识到我身上有哪儿不对劲，这让我非常高兴。李普曼建议我去凯文·卡希尔医生那里接受专业治疗，他是美国东海岸专门做这方面诊断的医学博士。

李普曼帮我联系了卡希尔医生的办公室，并坚持让他们设法明天上午就给我看病。他们同意了，然后李普曼对我说："你会没事的。"伟大的医生都明白——"你会没事的"这样的话能在很长的时间内让患者感到安心。

这句话在我身上生效了。当我准备离开时，他又加了一句："卡希尔可是个人物。"我点了点头，出去了。

第二天上午8点，我准时来到卡希尔医生位于第五大道的诊所。他问我最近是否去过其他国家，我说没有。他提到海外旅行会提高寄生虫感染的概率，他又说寄生虫在美国的流行程度要比我们知道的（或者愿意承认的）更高。

"总是同样的情况，"他补充道，"厨师忘了洗手了！"我大致明白了他的意思，但这可不是我关心的内容。

卡希尔取了样本，并告诉我他会在完成全部化验之后再联系我。在几乎难受了一个月之后，我终于知道了问题的答案。

第二天上午，我给卡希尔打电话，询问化验结果。没错，我体内的确有一种名为阿米巴的寄生虫。卡希尔让我服用抗生素和一种通常用来治疗女性酵母菌感染的抗真菌药。我对这些药有些怀疑，尤其是抗生素，于是我打电话给李普曼告诉他诊断结果。我还没来得及询问服药的问题，他就说："你需要吃抗生素。"

李普曼说我很快就会感觉好一些。为了彻底清除这些寄生虫，并恢复肠道健康，我还得服用一些草药和益生菌作为补充。很明显，寄生虫很难被清除干净，它们总会在肠道和微生物群落中移动。即使你不熟悉"微生物群落"这个术语，你也应该对此有些了解，因为这是医学上的常识，而且是东西方思维的一种结合。

我们的肠道中生活着亿万个微生物和细菌，它们有好有坏，被统称为"微生物群落"。科学家们研究发现，微生物群落能够对人体健康产生关键作用。

猜猜看什么能影响微生物群落？我们的饮食和肠道状况。

抗生素不仅能杀死坏的细菌，也会杀死好的细菌，这就是为什么你在服用抗生素的3—6个月之后应该服用益生菌。但是，我们尚不了解的内容还有很多——比如，微生物群落究竟是如何与我们身体内的其他系统相互作用，进而影响我们的消化和新陈代谢的。

类似uBiome（美国肠道健康研究公司）这样的公司销售微

生物群落的套装产品，你可以将唾液和粪便样本寄给他们进行分析，他们会告诉你你体内微生物的构成。然而，这种分析尚不完美，所以我也不大清楚目前这种检测的效果。

我吃了两周的抗生素，还补充了草药和益生菌。西医就好像用核武器来攻击我的肠道，以消灭那些坏家伙，而中医却能滋养我的身体，使我的肠道恢复健康。我第一次意识到中西医结合的力量有多么强大。

　　　　未来的医生将不再用药物治疗人体疾病，而是用
　　营养物质来预防并治疗疾病。

　　　　　　　　　　　　　　　——托马斯·爱迪生

我坚持服用中草药，而且决定净化我的饮食。我开始大量喝蔬果汁。健康社群里的很多人都说"结肠水疗法"有益健康，于是我决定试试看。

喝了几周蔬果汁并尝试"结肠水疗法"之后，我感觉自己的身体状态起起伏伏，时好时坏。我又开始感到身体疲劳，这使我很受挫。我认为自己找到了正确的方法，但好像还没有100%康复。

我又去找李普曼，他建议我做一次食物过敏性血液测试，这种方法可以从食品、草药、化妆品以及更多物品中监测出过敏原。

　　一周之后，李普曼告诉我，我对芹黄素过敏，而且对巴西坚果、化肥和甘草极为敏感。这已经能解释很多问题了。大多数的蔬果汁都含有芹黄素，而我一喝就是四升。难怪我感觉那么糟糕！我从小就对化肥以及甘草的味道深恶痛绝——可能正是因为我痛恨这些味道，才得了过敏症！

　　这次血液测试是西医的又一次胜利。在接下来的两年中，我与寄生虫的战斗依旧持续着，因为它又反复发作了两次，这让我的抗生素和草药治疗又进行了两轮。之后，寄生虫再也没来找过我的麻烦。

　　这次经历让我收益良多。并不是非得去其他国家才会感染寄生虫，去一次本地的沙拉店或者最喜欢的寿司店都可能使你染上这种疾病。我相信，数以千万计的人体内都有寄生虫，可他们却毫不知情。寄生虫很难被诊断出来，很少有医生能够对此做出适当的检测。

　　此外，寄生虫感染的症状有各种各样的表现形式，大多数医生都会给你开一些解酸药或者更强效的药物。你通常会感到身体不适，有时还会有一些医学上无法解释的感觉。我感到腿和腹股沟有刺痛感，没有人会把这种部位和肠道联系起来。

　　当我感到腿疼时，我去看神经科医生，他没检查出任何问题。当我告诉他我体内有寄生虫，并问他腿疼和寄生虫是否有联系时，他看着我，就好像在看一个疯子。

　　情况是这样的：很多健康问题都与肠道有关——并且它们

之间是相互联系的。这就是微生物群落和东西方医学结合治疗真正发挥作用的地方。

我相信，这种结合是医学的未来。

> 你结肠内的每滴液体中都有超过10亿个细菌，这就是被我们称为微生物群落的环境。这种组合因人而异，你个人的细菌群落是特定的组合，它要比你的DNA更具识别性。
>
> ——《肠道之福》，作者罗宾尼·楚坎

我的朋友泰莉·华兹通过改变饮食和肠道治疗，治愈了使她不断衰弱的多发性硬化症。她只是通过改变饮食和调整生活方式，就从需要坐轮椅的状态恢复到可以自由奔跑。泰莉用的是原始人饮食法：不吃谷类和豆类，多吃绿色的富含硫的蔬菜、深颜色的蔬菜、浆果、食草动物的肉、野生鱼和海草。

我还有位朋友——知名厨师西默斯·莫伦（他也是李普曼医生的病人），曾患有严重的类风湿性关节炎。他从几乎无法行走，到后来能骑行数千千米。他选择的饮食与泰莉的很相似。他们都通过肠道治疗的方法治愈了自己。

可供考虑的其他治疗方式

我的朋友乔尔·卡姆博士做过主题为"基于植物的饮食以及进行'头脑—身体'方面的锻炼对心脏的好处"的演讲，他对此类治疗方法有以下见解：

在治疗心脏疾病25年之后，我对常见的药物、支架和心脏手术这些通用的治疗方法已经非常熟悉。在我看来，那份狭隘的"菜单"作用有限，因为有多种针对心脏疾病的治疗方法都有科学依据，而我也亲眼见过它们的效果。比如，维护心脏健康的按摩、针灸等方法都是值得一提的。

1.按摩治疗。

你相信一次令人放松的按摩对心脏有治疗功效吗？它确实有效。举例来说，研究人员在2008年做过一项实验，他们让263位志愿者接受了45分钟至60分钟的按摩。经过测验后发现，志愿者的平均血压降低了10mmHg，每次按摩治疗后，他们的心率都会降低10次。这几乎是你终身服用降压药才能达到的效果。

其他的研究也为这些发现提供了支持性证据。此外，他们身体上的炎症标志物的指标也有所下降。这很有意思，因为它说明按摩疗法可能有一种全身范围的治疗效果。最近的研究显示，在做完心脏搭桥手术和支架介入治疗后，对患者采用按摩疗法可以帮助他们减少焦虑，并能使他们更平稳地恢复身体健康。

2. 针灸。

病人曾告诉我传统中医和针灸疗法对心脏疾病的功效，我现在来说明针灸可以治疗的四种心脏疾病，以及一种导致心脏病的行为——吸烟：

（1）心绞痛

这是血液流动造成的胸部窒息、挤压感和压迫感，一般通过休息或者服用硝基安定片就能够快速缓解症状。心绞痛通常是心脏大血管被严重阻塞造成的，但是很多患者在做血管造影时，被发现大血管一切正常，于是医生会怀疑小血管也有病灶。

而通过减少交感神经系统对心脏肌肉的作用（急性应激反应），对患有心绞痛的病人进行针灸治疗，能极大地缓解他们的症状。

（2）充血性心力衰竭

这是一种潜在的严重疾病，可能由心脏病发作或病毒性损伤导致的心脏衰弱引起，如果健康的心脏没有得到充分休息，也可能会出现这种病症。调查研究显示，在经过针灸疗法之后，患者即使步行更远的距离，也不会感到呼吸短促。

（3）心律失常

即心跳不规律。心脏是能量器官，每次心跳都是由电波控制的。研究显示，针灸能够影响心跳，从而改善心律不齐的症状——这也是健康状况改善的标志。

（4）高血压

高血压可能是源于交感神经系统的超速运转。血压升高可能会损害肝脏、血管、眼睛和大脑。患者在坚持进行针灸治疗后，血压会有所降低，这是我亲眼见到的。美国心脏病学院认为，针灸是一种很有前途的替代治疗手段。

（5）戒烟

这至关重要。吸烟仍是诱发心脏疾病和癌症的重要原因。针灸可能是帮助那些尼古丁上瘾者成功戒烟的一种有效的治疗手段。通过对超过3000名患者的调查，发现针灸对戒烟有着积极的作用。

经证实，身体接触治疗法对心脏疾病也有良好的效果。其疗效包括心律不齐现象减少，出现调节器官功能的迹象，以及焦虑降低，等等。

心脏发射的电场振幅是大脑活动发出的电场振幅的60倍，电磁场的振幅则要比大脑电磁场振幅强5000倍。人们可以从身体任何部位测量电磁场（在脚踝和手腕上使用EKG电极），甚至可以从体外几英尺[①]的距离进行测试。

---

① 英尺，1英尺≈0.305米

即便如此，做出"按摩、针灸疗法与那些有科学依据的传统治疗方法能够平分秋色"的论断还为时过早。但是，仅在美国就有数以千万计的人有患心脏疾病的风险，所以我们确实需要找到其他能够治疗心脏病的方法。

对那些可能患有心脏疾病的人，可以将这些治疗手段与瑜伽、冥想和太极结合起来，并作为补充性方法维护人们的血管健康。

不要让医生对你的命运指手画脚

尽管我们确实需要医生的帮助，但即使是专家也有出错的时候。一定要小心选择为你看病的医生，查看他的资质，并征询别人的意见。错误的诊断对身体和精神都可能产生极端的破坏性影响。

我三岁的时候，妈妈带我去儿科医生那儿做例行体检。医生在对我进行了手眼协调性的测试后，把我妈妈拉到一边，告诉她我的大脑可能出现了问题——除非发生奇迹，否则我不可能像正常人一样生活。听完医生的话，妈妈极为难过。她给爸爸打了电话，可爸爸只说了一句话："我们会没事的！"

随后，妈妈进入了一种"只要我儿子能过上正常生活，我干什么都行"的模式。第二天，当她把我送到学前班的时候，她告诉老师，我可能需要特殊关照。我的老师们都表示怀疑，并主动提出让一位专家到教室来对我进行观察。在观察了一段时间之后，这位学习专家肯定地表示——我一切都很好，没有任何问题。

之前为我做体检的那位儿科医生把妈妈吓坏了。妈妈知道我没事之后，简直太高兴了！她什么也没做，只是给我换了一位儿科医生。后来，我不仅过上了正常的生活，还从常春藤大学毕业了。

这次闹剧过后第二年，又有一位医生告诉妈妈我有八字脚，说我不可能从事体育运动。他说我的双腿需要装支架，甚至需要做矫正手术。但是，我的双膝在几个月后就自行伸直了，后来我成了一名运动员，并成为一支篮球队的创始人。

到了二十几岁的时候，医生又说我有疱疹（这件事我没有告诉妈妈）。诊断过程令人紧张不安。但几个月之后，当我再次来做检查的时候，结果显示我并没有疱疹——第一次的检测只是假阳性结果。

颇具讽刺意味的是，在遇到我之前，科琳也有过类似的误诊。

我三十五六岁时，两个不同医院的外科医生同时对我说，我的后背需要做手术——而且这事儿根本不允许讨价还价。你已经知道了这个故事是如何结束的——我并没有做手术，而是用瑜伽治愈了背痛。现在，我已经完全好了。

这个故事有什么寓意呢？医生可能是错的！因此，有时你要相信自己的直觉，去追寻那个对你来说正确的答案。

你可能觉得我的经历很奇特，有几乎被医生吓死的历史。别误会我——我知道医生的天职就是挽救生命，但是，别让医生对你的命运指手画脚——只有你才能控制自己的命运——永远别忘记这一点！

全面评估你的健康状态

艾米·萨拉博士帮助我们用互联网将东西方医学整合起来，从而使我们的身体达到一种令自己满意的状态。她提出，"我们要做自己身体的CEO"，以下是她的建议：

我爱传统的医生们——他们是我最好的朋友、家人和同事。他们拯救了无数生命，创造了许多超乎想象的奇迹。尽管许多医生都很聪明，心怀善意，并且关怀病人，但他们中的许多人并没有接受过优化健康的培训，这种培训与完成手术或化疗是完全不同的。

好消息是，有许多专业人士（包括一些有前瞻性的医学博士）能够帮助你变得更加健康。但在你成功找到那个人之前，我鼓励你成为自己身体的CEO，尝试下面的几种（或者全部）建议。

1.做更全面的血液检测。

你的医生可能会让你做些血液检测，但是，这其中有许多是附加项。如果你的医生是位极简主义者，他可能会拒绝你的要求。但是，哪怕你需要去大型医院做全面的血液检测，也是值得的。

你需要做一次全面的血细胞检测，它将提供你血液的全部信息，并帮助指出你是否患有某种潜在的疾病。此外，最好还要做完整的甲状腺检测和血脂测试。这些数据将给你提供一份更全面的健康评估，并告诉你可以改善的地方。

2.保持充足的睡眠。

如果我能向你们每人提出一个要求，我会希望你们保持充足的睡眠。不幸的是，我们不大容易优先考虑这件事情，更不要说计算出我们需要睡几个小时才能保证身体的最佳状态了。

下面是种简单的方法：在3—5天内保持正常睡眠，不要使用闹钟，看你需要多少睡眠时间才能让自己感到休息好了。对我们大多数人来说，应该在7—9个小时之间。

3.控制你的压力。

压力过大会使你的荷尔蒙和睡眠紊乱，并增加你的体重。更糟糕的是，它有可能会导致慢性炎症和疾病。（华尔街的很多管理人员因心脏病而英年早逝，就是典型的例子。）这就是为什么我们有必要每天坚持冥想、做瑜伽，或者做某种专注性的练习。

需要更多的帮助吗？试着服用维生素C（每天3次，每次1克）、鱼油（每天1—4克）、磷脂酰丝氨酸（每天0.4—0.8克）、印度人参（每天2次，每次0.3克）、红景天（每天2次，每次0.2克）。开始时，每次只服用一种上述补充剂。在一周或几周之后，再增加另一种。

我希望，通过找到问题的根源以"重置"我们的身体系统——而不是依赖这些补充剂。

4. 记录运动。

无论你是使用计步器，还是用铅笔和纸，记录你每天的运动非常重要。设定每天步行10000—15000步的目标。

5. 检查你休息时的脉搏。

当你刚刚醒来，甚至还没有起床时，检查你的脉搏。理想休息状态下的脉搏应该是每分钟不超过60次（运动员大概保持在50次左右）。

6. 调理你的肠道。

肠道里有着我们身体内大部分的细菌，而且我们的免疫系统、大脑以及荷尔蒙都与之密切相关。腹胀、便秘或者规律性的胃痛都可能是由于肠道内的某种不平衡。肠道内的不平衡将导致你对食物过敏、情绪障碍、自身免疫问题和其他重大问题。

为了调理肠道，你需要了解自己的食物不耐受性，获得更多的睡眠，减少压力。另外一个重要因素就是要避免使用抗生素（除非你必须使用它们）、抗菌皂和抗菌产品，吃含有益生菌的食品。

7. 过充满创意的、有目标的生活。

做什么事情能使你心情轻松？这是我们中的许多人都会忽视的问题。我们可以从以下这些事情中开始探索：志愿服务、写作、油画、绘画或者烹饪。为何要这么做？因为投入你自己喜爱的活动中可以减少压力，提高快乐感，每天都让自己有所期望。你可以从每天让自己开心15—30分钟开始。

8.了解加工食品的真相。

无论你决定尝试原始人饮食法还是素食，又或者遵守地中海饮食法的准则，所有这些饮食法都有一个不可思议的共性：它们都强调食用未经加工的食物。你知道那些加工的食物会让你对它们充满渴望吗？这听起来有点陈词滥调，其实我的意思是，要吃那些我们的祖父母都认得的食物！

9.学会避免荷尔蒙干扰物。

一旦使用、摄入破坏我们荷尔蒙平衡的化学物质，它们就会与我们的内分泌系统相互作用，从而导致生殖系统、青春期、更年期的问题，以及免疫系统和大脑问题。

荷尔蒙干扰物包括杀虫剂、BPA（双酚基丙烷）、DEHP［邻苯二甲酸二（2-乙基）己酯］、二噁英、多氯联苯等。避免这些物质的较好方法之一就是避免使用塑料，尤其是加热塑料，并转向使用有机产品。

10.测试一下你的炎症。

你对自己的心脏和一般的炎症感兴趣吗？检查一下你的胆固醇、脂蛋白（LDL）颗粒数和粒径、同型半胱氨酸、溶血磷脂酸（LPA）、糖化血红蛋白（HbA1c）以及血纤维蛋白原。

11. 测试食物的不耐受性。

对许多人来说，这可能是你失去健康状态的原因所在。这种测试最好的地方在于：它完全免费，而且你可以自己进行测试。

常见的排名靠前的测试食物包括：

牛奶

鸡蛋

小麦（麸质）

大豆

花生

坚果

贝类

玉米

味精（以及其他防腐剂）

硫酸盐

把上述每种食物依次从你的饮食中去除（每次一种）3—4周，然后再重新摄入。当你再次摄入它们之后，如果身体出现不适，这就意味着你对那种食物过敏，今后应该避免食用。

12. 练习感恩。

用奥普拉·温弗瑞的话说："对你拥有的东西心怀感恩，你最终会拥有更多。如果你总是关注自己缺少什么，你永远永远都不会拥有足够的东西。"

增加你的生命储蓄：疗愈

·按摩并不是一种油腻的、令人尴尬的治疗方式——它对健康有很多好处！

·随着对微生物群落研究的不断发展，专家发现，肠道的状态几乎会影响到整体健康的各个方面。

·在咨询某位医生之前，你一定要仔细检查他的相关资质。

·如果医生的诊断结果看起来并不完善，请不要犹豫，向他提出质疑，并寻找第二种治疗方式。

第十章

感恩所拥有的一切

懂得感恩，是享受富足人生的重要组成部分。如果不常怀感恩之心，就无法踏入富足人生的领域。说一声"谢谢你"——而且是真心实意地说出来——这是富足的重要部分。

我每天一醒来，都会在心里默默地说几遍"谢谢你"，这句话甚至被我刻在了卧室的墙上。"谢谢你"是科琳和我每天醒来时说的第一句话，也是我们每晚入睡前说的最后一句话。

此外，我家起居室里也有一件刻有"感谢"字样的艺术品，其作者是我们的朋友——艺术家彼得·滕尼（彼得喜欢把"感谢"这个词拼写为"grattitude"，有两个字母"t"，他说这代表一种态度）。

这些提示物能让我们在繁忙的日常生活中以正确的眼光看待一切事情。千万不要等到有什么坏事发生在你身上时才想起心怀感恩。常怀感恩之心应该成为一种日常练习——而不是敲响警钟后的结果。

我们只有两种生活方式：一种是觉得生活中好像没有任何奇迹，另一种是感到生活中到处都是奇迹。

——阿尔伯特·爱因斯坦

常怀感恩之心是我在生命历程中获得的重要经验。当我还是小孩子时，如果我表现得很可怜，哪怕只有一会儿，妈妈就会立刻做出反应。她会对我说："有个没有鞋的小男孩一直哭，直到他遇到了一个没有脚的小男孩！"尽管我明白她是想说明常怀感恩之心的重要性，但我还是希望得到新玩具或者新衣服——我并不理解为什么自己不能拥有它们。

正如前面提到的，我生长在曼哈西特，那是一个位于纽约长岛的小镇。从那里到曼哈顿的交通十分便捷，乘坐特快列车只需二十七分钟即可到达。镇上住满了在华尔街工作的职员，98%的居民都是中上阶层的白人。大多数家庭都是父母亲一起生活。

现在回想起来，有那么多夫妻在一起生活——而不是离异——简直太不可思议了。直到20世纪90年代，经济萧条期袭来，曼哈西特的离婚率才开始增长。至少，这是我个人的印象。从前我是附近社区中唯一的来自单亲家庭的孩子，之后我又变为来自单亲家庭的十几个孩子中的一员，而这一切的改变好像发生在一夜之间。

作为为数不多的成长于离异家庭中的小孩，我总觉得自己与大家有点儿格格不入——这听起来很有讽刺意味，因为我身边总是有很多朋友。父母在我三岁的时候就离婚了，我并没有体验过其他孩子经历的痛苦——他们往往是亲眼看着父母争吵不休——我甚至不记得爸爸是什么时候从家里搬走的。

我印象中的家庭就是由妈妈、外祖母和我组成的。我对这种家庭状况还算满意，直到我发现别人家里都有爸爸时为止。那时候，父亲已经再婚了，而且我也不希望妈妈约会，因为我想让她只属于我。很明显，我对这种离婚僵局也是无计可施、毫无办法。

后来，我家搬到了镇上比较贫穷的一侧，新家是一座有三间卧室的房子，房前有一片大约十平方米的草坪。按曼哈西特的标准，这房子太小了——曼哈西特镇上的房子都大得能打橄榄球，镇上还有类似普兰多姆和斯特拉思莫尔这样的乡村俱乐部，甚至还有两家游艇俱乐部。

所以，我成长在一个狭小而破碎的家庭中。那时，我愿意付出一切，搬到位于好社区的更大的房子里生活；我也希望父母能够生活在同一个屋檐下。但是，我从来没拥有过这些。但现在回想起来，我很高兴自己与他们不一样，正是这种与众不同塑造了今天的我，我不会拿它与任何东西做交换。

我直到十五岁时才意识到，自己的与众不同有多么不可思议。篮球是我的热情所在，我也打得越来越好。大学一年级的时候，我加入了获得过全国冠军的大学篮球队。实际上，正是我在"最后一分钟"的进球得分，才使球队赢得了冠军。篮球成了我的最爱，我希望自己能做到最好。

我迫切地想提升球技。为了实现这个目标，我和同年龄组的顶尖运动员一起打球。在某些方面，我把篮球视为我离开曼哈西特的"车票"。我们经常听到有人将运动生涯的成功视为摆脱小城镇生活的故事。然而，我的目标恰恰相反：我想离开豪华的郊区——这意味着我要离开那个富裕小镇，去哈莱姆区著名的河畔教堂体育馆打球。

在确定了选拔赛时间之后，我让妈妈开车带我去哈莱姆。那时的哈莱姆远没有现在这么繁华。在1990年，就连开车穿过通往哈莱姆的第125号公路都是非常危险的。妈妈将我送到教堂之后便离开了，并嘱咐我小心些。

教堂的地下室是个简陋的体育馆，这体育馆看起来就像是个"死亡之箱"。有不少优秀的篮球运动员在这儿打过球，就连一些NBA球员也在这里打过球。通过不懈努力，我顺利加入了十五岁及以下年龄组的球队。

我的一个朋友——罗布·霍奇森也加入了这个队，他是一名来自长岛的运动员。罗布一直在印第安纳队打球，之后他转到了罗格斯大学队。我们是队里仅有的两名白人孩子，实际上，我们是湖畔篮球队——包括十七岁及以下年龄组的球队——中仅有的两名白人孩子。

正是在这个夏天，我第一次体验到了一种自己永远也不会忘记的感恩的力量。这种力量对我世界观的塑造超过以往的任何经历。迄今为止，我受过的最重要的教育都来自打篮球，而不是学业课程。我从教练那里学到了很多人生经验，在篮球队里学到的东西比从任何书本中学到的都要多。

第一次客场比赛时，篮球队所有的队员都乘坐同一辆客车往返俄亥俄州首府哥伦布。这可是长途旅行，我们至少要在车里待上十二个小时。至今我还清楚地记得我们入住那个差劲的汽车旅馆时的情景。

我的一些队友甚至对淋浴的热水和干净毛巾都感到新奇——他们以前从来没有用过这些东西。我们每天都会得到一些零花钱用于购买食物。通常，我们会去麦当劳或者是汉堡王吃上一顿。我的一些队友吃得太快了，就好像他们在家没吃饱过一样。不过后来，我意识到并不是这么回事。

离家的第一个晚上，我往付费电话里投了二十五美分，给妈妈打了个电话，告诉她我已经平安到达。一个队友对我说："有位关心你在哪儿的妈妈真好！"我想了想，随后说："我知道。"

我并不是不感激妈妈，只是在那一刻，我突然意识到，有人为我付出了她的一生，我是多么幸运。在那一刻，我也领悟到——自己是幸福的。

感恩之心会为你开启美满人生的大门。它会将我们已有的变得充盈，甚至更多。它会将拒绝变为接受，将混乱变为有序，将迷惑变为清晰。它可以将普通的

一顿饭变为饕餮盛宴，将一座房子变为一个家，将一
位陌生人变为朋友。

——《放手的语言》，作者梅洛迪·贝蒂

感恩是唯一能让你持久感到快乐的事情。毫无疑问，如果
你懂得表达感恩之情，那么你将获得幸福——更多的感恩等于
更多的幸福，就这么简单。

学习感恩对于富足人生来说非常重要。你可以有意识地对朋
友、爱人或者同事说"谢谢"，感谢他们为你所做的一切。你也
可以通过电子邮件的方式来完成这件事。事实上，并没有适用于
所有人的感恩练习，你可以考虑一下哪种方式适合你。

努力让自己对一切怀有感恩之心。我们不应该在失去之后
才懂得珍惜，将感恩之心融入做的每件事之中，富足的人生才
会时时为你敞开大门。

飞行中的乔治先生

有这样的岳父岳母，我觉得自己真是太幸运了。我爱他们，尤其是我的岳父——乔治。

我总爱称他为"乔治先生"，他可是个人物。他曾在战争中担任过直升机驾驶员，有过三次被击落的经历。他在洛杉矶有几家洗车店。有一次，他在自己的店里捡硬币时，被人用枪击中了腿。

他还是位非常优秀的登山者（曾攀登过珠穆朗玛峰）。七十岁的时候，他依然健步如飞。他是一个非常有意思的人，有着令人称奇的生活态度。

关于乔治，我非常喜欢的故事之一就是他对飞机颠簸的看法。科琳痛恨颠簸的飞行，但她的父亲对这一切却有自己独特的幽默视角：

乔治："你还好吧？"

科琳："我最恨飞机颠簸了！"

乔治："有人朝你们射击吗？"

科琳："什么？当然没有啦！"

乔治："哦，那你就没什么好担心的了！"

避免将自己与他人进行比较

常怀感恩之心的另一个好处是，能避免自己与他人比较。总会有人比你拥有更多的金钱、更完美的社交关系和更平坦的小腹。处处与人比较，或者试着成为别人，将是一个你永远不会获胜的游戏。

我发现，在商业活动中遵守这项原则尤为困难，因为人们总是将自己的公司与其他公司进行比较。当然，在现实中，这是必要的。你必须衡量自己的产品，并与市场上的其他产品进行比较，以便及时进行市场分析，了解客户体验。

实话实说，我对此深恶痛绝。我宁愿将全部精力投入如何创建更好的企业之中，剩下的事就让老天来决定吧。在生意场上，比较无法避免，但在个人生活中，你无须进行比较。

成为你自己，因为其他人都有人做了！

——奥斯卡·王尔德

加利福尼亚大学洛杉矶分校（UCLA）篮球队的教练约

翰·伍登曾率领UCLA棕熊队拿到过十次全美总冠军，他就是这种信仰的践行者。

与大多数的篮球教练不同，伍登教练从来不将打败对手视为自己的首要任务。恰恰相反，他更关注的是如何让自己队伍的球员发挥出更好的水平。

一种确保感恩之心的轻松方式

如果你对自己的人生持消极态度，就很难找到要感恩的东西，我建议你尝试一下志愿服务——去流动厨房、妇女庇护所或者老人中心工作一段时间——帮助不幸的人是让自己常怀感恩之心的有效办法。

我永远都不会忘记自己在一家流动厨房工作的经历，那时，我对个人生活和职业生涯都感到有些迷惘。我甚至考虑搬到一座新的城市生活，这意味着我将抛弃在纽约的朋友们。但是，当我在流动厨房工作了几分钟之后，那些消极、阴暗的念头便完全消失了。我发现自己是幸福的，并意识到自己能在一个新地方重新开始是多么幸运的一件事。

如果你不知道去哪里做志愿者，可以咨询一下本地的流动厨房、妇女庇护组织或者当地的老人中心。至少，慈善组织永远都需要经济支持——如果你现在没时间成为一名志愿者，你可以通过捐赠做出一些贡献。

越感恩，越健康

　　我的朋友丽莎·潘金相信，表达感激之情能促进身体健康。科学研究也表明，她的观点是正确的——当涉及情绪、观念和健康时，快乐的人要比不快乐的人多活十年。但是，我们如何才能变得更加快乐，并拥有更积极乐观的心态呢？

　　索尼娅·吕波密斯基在《幸福之道》中指出：我们的幸福倾向有50%是基于遗传（那是我们无法改变的部分），10%是基于生活情境（比如获得升职，找到灵魂伴侣，或是实现梦想），40%是有意图的活动（我们的行为可以对这部分产生影响）。这就意味着，我们可以在不改变周边环境的情况下，使自己的幸福程度提升40%。有一种重要的"有意图的活动"就是常怀感恩之心。

　　研究显示，常怀感恩之心的人更加快乐，精力更充沛，更乐于助人，更有同情心，更有精神追求，更能宽恕别人，对生活更满怀希望。他们也更能避免感到压抑、焦虑、孤独、忌妒或者患病。

　　在一项调查中，一组参与者被要求列出他们每天都感到快乐的五件事，另一组则被要求列出让他们感到烦恼的五件事。结果显示，那些常怀感恩之心的人不仅更快乐、更乐观，他们身体上的病症（例如头疼、咳嗽、恶心、粉刺等）也更少。

　　其他关于感恩的研究显示，当那些患有慢性疾病的人练习表达感恩之情时，他们的病情都会有所好转。那些被要求每天列出值得感恩的事的抑郁症患者，要比那些不表达感恩之情的人的状态好得多。

　　按照吕波密斯基的观点，常怀感恩之心有如下好处：

　　促进体验积极的生活经历。

　　可以提升自我价值和自尊。

　　可以帮助人们应对压力和创伤。

　　关怀的举动和道德行为增多。

　　帮助建立社会连接，强化现有关系，发展新的关系（我们都知道，孤独的人患心脏疾病的概率是那些有强大社会连接的人的两倍）。

　　可以避免有害的比较。

　　减少或者延迟类似愤怒、痛苦、贪婪等负面情绪。

　　你可以通过以下方法练习感恩之心：

　　1.记录感恩日志。

　　想出三到五件让你心怀感恩的事情(如果它们是世俗之事

也没关系)，把它们写下来。数据显示，每周这么做一次是有益的！如果你觉得自己适合每天都这么做，就去做吧！

为了使在你记录感恩日志时能够敞开心扉，你可以尝试安杰利斯·阿连发明的三问题日志。每天睡觉前，花一点时间回顾一下当天的经历，问自己三个问题：

今天有什么让我惊奇的事？

今天有什么事触动了我的心灵？

今天有什么事鼓励了我？

每天问自己这三个问题，会对你"感恩"的肌肉进行挤压训练，同时它会提升你感知善良、美好和爱的能力。在你尚未意识到之时，你的心灵就会被打开，"爱"的感觉便会充满你的整个生命。

2.训练感恩之念。

如果记录日志不适合你，你可以训练自己心怀感恩之念。试着注意自己每天想到的一个不知感恩的念头，努力把它转变为你可以感恩的事情。比如，如果你抱怨自己每天工作辛苦，请试着感恩你还有份工作。

3.采用不同的感恩练习方法。

除了记录日志或者训练感恩之念，在晚餐时说出让你心怀感激的事情，制作你有幸拥有之物的相关艺术品……都是很好的方法。不要犹豫！我们大多数人总是感到无聊，但当我们主动表达感恩之情时，生活就会渐渐变得充实起来。

4.向他人直接表达感激。

给朋友打电话，向家庭成员诉说，或者和同事谈谈。你可以对一切帮助你成长的人表达感恩之情，这并没有上限。

增加你的生命储蓄：感谢

·让自己更能心怀感恩的一种方法是记录感恩日志。每天都记录一件让你心怀感恩的事情。

·拥有感恩之情，才能变得富足。

·不要拿自己与他人比较，那是一个你无法获胜的游戏。总会有人比你更聪明、更富有、更苗条，或者更成功。反之，你要为自己所拥有的东西而感到快乐。

·对那些捐赠者或志愿者而言，从"付出"中得到的好处甚至要超过那些受助者。

第十一章

富足的基础

这些年来，我越来越清晰地意识到，与自然的连接对于富足而言极为重要。这就是我将我们的网络公司命名为mindbodygreen的原因——green（绿色）意味着人类的生态意识和与大地的连接。

在mindbodygreen网络公司成立之前，类似头脑—身体（mind-body）、精神（spirit）、头脑—身体—灵魂（mind-body-soul）以及头脑—身体连接（mind-body connection）这样的词很常见。

在我获得顿悟之前，我认为上面几个词中唯一重要的词是"身体"。如果你觉得镜子里的自己看上去不错，那么一切就都会不错——不仅自我感觉良好，也能给他人留下好印象。后来，我才意识到自己真是大错特错！

为了过上健康的生活，我们需要关注三个方面：头脑、身体和周边的环境。无论我们是否喜欢，所有事情都是相互连接的：我们的头脑、我们的身体以及我们周边的环境。

请让我解释一下。头脑和身体并不是分离的，它们就是一个整体。这就是我们阅读了很多关于健康的书，并严格按照书上的要求执行，但身体仍然不够健康的原因——如果我们与自己的身体脱节，就不会获得真正的健康。

就算已经知道了关于头脑—身体连接的部分，我们还需要精神方面的练习——每天都应该表达感恩之情。进行冥想，练习瑜伽，吃有机食品……这些可以促进我们的健康吗？

嗯，也许是——或者，也许不是。在健康问题上，我们还需要关注一个部分——绿色的部分。

我鼓励大家问自己两个问题：

我们向自己的家里和身体里都"放进"了些什么呢？

我们是否将化学物质和毒素"放进"去了？或者说，我们是否正在使用健康的产品？

化学物质和毒素可以轻易抵消我们为精神和身体成长所做的一切努力。

　　　我们的健康状态能够反映出我们吃的食物，进行的体育锻炼，喝的水，呼吸的空气，以及我们的住房和卫生的品质。我相信这也可以拓展到我们的社会需求和境遇上——包括归属于某个社群的需要，做有意义的工作的需要，以及每天的生活目标。

　　　　　　　　　　　　　　　　　——查尔斯王子

你是否与自然保持着连接呢？无论你信仰什么（如果你有

信仰），你都可以宣称我们的信仰有着共同的源头，而且我们是彼此连接的——我们来自同一个地球。

难道这就意味着我们应该尊重地球上的环境吗？是的，你要知道，环境将我们统一起来，并始终支持着我们。

于是，你就有了它——mindbodygreen。它并不是三个单词，而是一个词。"Mindbodygreen"是连在一起的一个词，而且，我相信这是获得健康和富足的真正渠道。

随着年龄的增长，我发现，如果我无法接触自然，内心就会对它充满渴望。我长期生活在纽约，在通常情况下，我更喜欢在城市之中行走，而不是在森林里徒步。在过去的几年中，我发现，当我赤脚走在沙滩或草地上时，精神会格外焕发——这会被人称为"接地"。

科学研究表明，"接地"有着无数的好处。2012年，研究人员基于这种情况进行研究时发现——这是身体与大地表面的电子接触的缘故。

最新的研究也表明，这种方法对健康有着令人惊奇的积极的影响。但在通常情况下，环境因素对健康的影响——与大地表面的电子直接接触——往往被人忽视了。

赤脚走在柔软的沙滩上，是我喜欢做的事情之一。每隔几个月，我就想去体验一下，尤其是在冬天。由于工作上的关系，我经常去美国西海岸出差，只要一有机会，我就去海滩或者公园，脱掉运动鞋，赤脚走上一会儿，哪怕只有几分钟时间。

当双脚陷入沙子中时，我努力让自己专注于每一步上。大地的疗愈功效非常棒，那些一直生活在纽约的人永远也体会不到这种美好的感觉！

> 我们被给予的一切都是宝贵的：它是存在于小细节和大场景中的威严。当你感到有遗忘一切的风险时，我建议你去看看那高达15米的海浪——当你身处那雄伟有力的场景之中却没有任何谦卑之心时，就应该认真反省一下了！
>
> ——《自然的力量》，作者莱尔德·汉密尔顿

绿色的家庭

成为"绿色的"，意味着避免毒素。彻底不使用化学品并不容易，但我们还是应该去除那些可以用天然产品替代的化学品，比如，使用不含毒素的清洁用品。

这些科学研究也许能引起你的注意：

美国环境工作组（EWG）于2009年进行了一项研究，他们从10个新生儿的脐带血标本中发现了232种有毒化学物质。

除了双酚基丙烷(BPA)，科学家还首次检测出了一种名为四溴双酚A（TBBPA）的有毒阻燃剂（它通常用于制造计算机的电路板、化妆品和清洁剂），以及全氟丁酸——一种声名狼藉的聚四氟乙烯化学物质——家庭中使用的厨具、纺织品、食物包装和其他物品中的防粘、防油、防污、防水涂层中都含有该物质。

所有这些都在新生儿体内被发现！设想一下，再过几年，又会增加多少有毒物质！

仅凭这份研究——以及其他相似的调查研究——就应该能说服任何人：绿色才是地球的颜色！

　　大多数人都没有意识到，我们的皮肤每天都暴露在成千上万的有毒化学物质中。它们对我们的健康有什么影响？稍稍想象就能知道，那画面肯定非常可怕！

　　——《不要再有肮脏的外表》，作者西沃恩·奥康纳，亚历山德拉·斯朋特

　　我的朋友希瑟·怀特，他是EWG的执行董事，对如何减少接触有害化学品提出了一些独到的建议：

　　以下三种方法可以让我们更聪明地购物，并减少接触到有害化学品。

　　1.阅读标签。

　　大多数人采购食品时都会关注标签，但你仔细看过个人护理用品和清洁产品的标签吗？尽管它们看起来可能会令你迷惑。但我们还是有必要了解一些有毒的化学物质，并对它们保持警惕，比如三氯苯氧氯酚、苯甲酸甲酯、邻苯二甲酸等潜在的有害物质。

　　2.购物前进行研究。

　　EWG是我经营的非营利环境健康组织，它开发了一些很棒的工具，能够帮助你更聪明地购物。比如，你可以使用EWG皮肤深层数据库查询个人护理用品中的化学物质，或者使用EWG的食品评分表查看哪种食品添加剂可能潜伏在你最

喜欢的食品包装中。

　　EWG的消费者指南包含众多便于使用和理解的主题，你会觉得自己有能力为自己和家人做出更聪明、更健康、更绿色的购物选择。

　　3.选择简单的、自己制作的产品。

　　改变你的清洁和美容方式要比你想象中更容易。自己亲手做出来的产品很有趣——和从商店里买来的一样有效，而且成本更低。你可以试着用醋和小苏打作为全天然的下水道清洁剂，或者用有机椰子油替代润肤霜——因为配料越少，就意味着暴露在化学物质中的风险越低。

与自然和谐共处

帕特丽夏·汤普森博士是一名企业心理学家、人生导师和作家。她为我们列举了花时间与自然相处对我们健康的益处：

每当我欣赏茂盛的树木，呼吸着从海边吹来的带着咸味的空气，又或者惊叹花朵那斑斓的色彩时，内心都会充满奇妙的感觉，精神也会格外好。研究显示，花时间与自然相处对你的精神和身体有极大的好处。

1.花时间与自然相处能提升你的活力。

研究人员发现，花时间与自然相处，观看自然界照片，甚至在脑海中想象自然风光的画面，等等，都会提升人们的能量。其实，这不足为奇——当你身处户外，被各种自然的景象、声音和味道包围时，怎么会不感到更有活力呢？

与自然相处使你能更好地应对压力。在一项研究中，第一批参与者们观看了一段事故的伤害性画面，第二批参与者们观看了一段有关大自然的景象的录像，第三批参与者们观看了一段都市景象的录像。研究人员发现，那些观看自然景象的人要比那些观看都市景象的人更快地从压力中恢复，而那些观看都市景象的人要比观看伤害性画面的人更快地从压力中恢复。所以，如果你觉得不堪重负，需要休息一下，就可以去公园散散步，甚至看看周围的树木，这都会使你的身体放松下来。

2.在自然中锻炼可以改善你的情绪。

众所周知，锻炼可以产生内啡肽，这是影响人情绪的物质。当你在等式的一边加上自然元素时，效果就会非常明显。

举例来说，研究显示，只需要五分钟的户外锻炼，就能够改善参与者的情绪，在水源附近锻炼产生的影响会更大。有人想去游泳，或者在海滩上跑步吗？

3.身处自然之中有助于提升注意力。

研究显示，与大自然相处可以提升注意力。举例来说，一项研究显示，对那些患有多动症（ADHD）的孩子们，如果每天让他们在自然界中步行二十分钟，就能有效提高他们的专注力。

另外一项研究显示，在公园散步（或者只是看着绿色的景象）能够帮助参与者集中注意力，并缓解大脑疲劳。所以，与其服用一剂咖啡因，不如服用一剂"自然元素"。它能帮我们的大脑提神，却不会有任何副作用。

4.生活在绿色空间附近能够增强你的免疫力。

研究人员发现，花时间与自然相处能够提升我们的敬畏感（如高山的威严与落日的瑰丽）。

这种敬畏感不仅能够让我们更清晰地意识到当下的时刻，

提升自我满足感，还可以降低我们体内细胞因子的水平——细胞因子正是炎症的标志物。

5.接触自然能使你更加慷慨。

关于敬畏感还有一个令人敬畏的例子。研究显示，那些对大自然拥有敬畏感的人更愿意对陌生人示以慷慨。

一项研究表明，在树林中感受到的敬畏感要比在高楼大厦间更多。

研究人员称，敬畏感可以让我们意识到自己与其他人是相互连接的，并将自己视为社会群体的一部分。

6.生活在绿色空间附近能够对我们的健康产生积极影响。

即使你不能长久待在户外，将"自然"带入室内同样会使你受益。比如，一项针对住院病人从手术中恢复的研究显示，与对照组相比，那些病房中有绿色植物的病人的血压、心率都更低，他们的疼痛、焦虑和疲劳程度的评级也都更低，同时他们服用的疼痛药物也更少。

收获是什么？让绿色围绕在你周围。尽量地融入自然之中，如果能临水而居，那就更好了。

最后，请牢记安妮·弗兰克的话："对于感到害怕、孤独或者不快乐的人来说，最佳的疗愈方法就是走出去——安静地与大自然和造物主相处——因为只有在那时，人才能感受到万事万物应有的面貌。"

增加你的生命储蓄：亲近绿色自然

· 自然能让我们感觉轻松，给予我们安慰。试着安排定期的休息时间，让自己可以享受自然世界的美好。

· "接地"是一种与大地接触的简单方法。

· 可能的话，全面清除家里的毒素来源——包括清洁用品，尤其是个人护理用品和化妆品。

· 利用EWG的数据库这样的资源，找到适合自己的、干净的个人护理用品。

第十二章

富足生活

富足生活的一个重要方面是，从容面对"生命终将走到终点"这一事实。

我们曾被教导"应该将每一天视为自己生命的最后一天去度过"。但在大多数情况下，只有当我们爱的人去世时，我们才能真正理解这句话。

1994年3月，一个干燥而清冷的春日清晨。前一天晚上，我参加了一个聚会，通宵的感觉让人难受极了。你应该已经知道了，在我19岁的时候，参加聚会绝对是我生活的重中之重。我那天本该去韦斯特切斯特看父亲打板网球——这是一种与网球相似的运动，只是场地更小，还要使用与乒乓球拍类似的木板球拍。但我想睡个安稳觉，于是就没去赴约。

当我打电话为自己找借口时，我听得出父亲很难过，还有点儿生气。

父亲生气让我感到有些气愤，毕竟，我们很少见面——我一直和妈妈、外祖母一起生活。在很长一段时间里，能够和父亲保持不即不离的关系已经是最好的状态了。

在此后的一年中，情况开始有所不同：他比以往任何时候出现的次数都要多。以前，我一个月通常只能见到他一两次——要么是在我的篮球比赛上，要么是我们一起去看篮球比赛。但后来，我的每场比赛他都会到场，比赛结束后他会和我一起吃晚餐，我们也会聊一些家常。我们之间的关系缓和了许多。但颇具讽刺意味的是，那时美国房地产市场崩盘，他的事业一败涂地，变得一贫如洗。

面对这种挫折，一般人很容易变得沮丧、疯狂，至少也会心事重重，但这种情况没有发生在他身上。事业受挫之后，他优先考虑的事情发生了变化，而我就是其中之一。

在那次爽约之后的某天，我打电话向他道歉。我们的话并不多，但是，很明显，我们之间的隔阂早已烟消云散了。我对他说我爱他，然后一切就这么继续下去了。

仅仅几天之后，他突然去世了。

我永远不会忘记那个悲伤的下午。我和朋友马特一起去了趟唱片公司，回到家后，我一看到母亲的表情，就知道出大事了——父亲在46岁的时候因心脏病发作而去世——恰好在一场板网球比赛之前。

我的家人和朋友都无法理解，一个看起来那么健康的人会因为心脏病突发而猝死——他刚刚参加了100千米组的自行车赛，还在前一年获得了45岁及以下组双人板网球比赛的全国冠军。

我父亲有先天性心脏病，但他从来没有认真对待过自己的心脏问题。尽管有过几次心悸的症状，甚至在狱中还有过一次轻微的心脏病发作。

　　没错，他蹲过监狱，在那里，他感受到了极大的压力。他刚经历了与第二任妻子的离婚，同时，他的房地产生意也崩溃了。一夜之间，父亲就从一个万贯家财的人变得几乎一贫如洗。这其中部分原因是20世纪90年代初的房地产市场崩盘，也有部分原因是他自己的过失。他是那种挥霍成性的人，从来不会储蓄金钱。他花钱的速度简直不能用"快"来形容——从汽车、游艇，到度假安排——他只按照一种方式生活：全速前进，活到极致。

　　虽然他的那种生活态度的确让人羡慕，但那也是鲁莽和不负责任的。当房地产市场大势已去的时候，他的个人财务崩溃了，婚姻也瓦解了。金钱能解决婚姻里的问题，这听起来很可笑，但是，一旦没有了金钱的支持，就好像是堤坝决口，瞬间就会被洪水淹没。

　　在第二次离婚的时候，父亲同意支付给对方一笔非常昂贵的赡养费。开始他还负担得起这笔费用，但当市场环境进一步恶化，他的财务状况持续萎缩之后，他就无力负担了。然而，父亲是那种无论发生了什么坏事儿，总是想着能够扳回局面的人。可现在，一切已成定势了。对他而言，负债累累的财务状况使得他再也没有机会翻身了。

　　他无力继续支付赡养费，于是被关进了监狱。

　　就是在监狱里，他的心脏出现了问题。他并不愿意表现出对生意和个人生活的焦虑感，但那些与他亲近的人都清楚地知道他身上背负的压力。当他去世之后，我们都相信——压力就是他英年早逝的罪魁祸首。

我在感到无比震惊和伤心的时候，脑海中想起的第一件事情就是，如果此前我们并没有和好，那么，我将会感到更加绝望和崩溃。要是我没有打电话向他道歉呢？要是我们还继续生对方的气，就永远没机会修复我们之间的关系了。

从那以后，我再也没有离开过自己爱的人，再也没有生气地挂断过他们的电话。我几乎沉溺于这样一种习惯，我会用一句"我爱你"结束每条短信、每封邮件以及和自己关心的人的每次对话——特别是我太太和母亲。

无论当时我们之中的一个人对对方有多生气，我都将这视为来自父亲的遗赠，也是我来之不易的关于"失去"的最重要的一课。这一简单的举动加深了我与那些自己在意的人的连接——如果有一天我失去了他们，至少他们会知道我有多么爱他们。

死亡结束的是生命，而不是关系。
——《相约星期二》，作者米奇·阿尔博姆

父亲去世后，在他的葬礼上，我忽然有了一种与他深刻连接的感觉。令我惊讶的是，这种感觉很不错。我体验到一种愉悦和欣慰，以及一种并不熟悉的精神层面的感觉，我相信一切都会好起来的。当我体验到这种意料之外的感觉时，我认为它简直不可思议。

难道我在父亲的葬礼上感到了幸福吗？这是我上的关于死亡的第二课：尽管会有痛苦，但所爱之人的死亡在很大程度上会丰富我们的人生体验，正如它与失去有关一样。

从对我父亲的哀恸中，我找到了一种全新的精神信仰，而且我相信当亲人去世时，这种信仰可以丰富你的生命，并为你带来新的信息。这还会为即将到来的变化搭建舞台——如果我当时没有体验到那种感觉，我不觉得自己会有勇气辞职，去开启新的生活，或者能开始练习瑜伽和冥想。

我也了解到，即使遭受了最深的伤害，我也能怀着平静的心态继续活下去。

> 一盏灯熄灭所带来的黑暗要比它从未点亮时的更深刻。
>
> ——《烦恼的冬天》，作者约翰·斯坦贝克

父亲去世8年之后，我又体验到了另一种完全不同的失去。

提姆·奥洛林是我交往时间最长、最亲密的朋友之一，在他28岁的时候，我失去了他。提姆一生大部分时间都受"双相情感障碍"（又称"钟摆病"，属于心境障碍的一种类型，指既有躁狂发作又有抑郁发作的一类疾病）的折磨。他曾来华盛顿特区

看我，我们一起去听了滚石乐队的演唱会，玩得开心极了。

提姆和我几乎每周都会通话，他经常坦诚地告诉我他对自己身体的感觉。他看上去正在逐渐恢复，生活也在慢慢步入正轨——他的人际关系，他的事业，他对生活的看法。所以，当我接到他父亲的电话时，我感到万分震惊——提姆自杀了。

在父亲的葬礼上，我没有掉一滴眼泪。我本以为在为提姆守灵时我也不会掉眼泪。但是，我大错特错了！我刚把车停在殡仪馆的时候，就完全失控了。我歇斯底里地哭了起来，母亲在旁边扶着我。最终，我平静下来，走进了殡仪馆。但当我和提姆的母亲凯西四目相对时，我们都开始失控地恸哭。

第二天，当我在葬礼上悼念提姆的时候，我第三次忍不住抽泣起来，几乎无法自控。相比父亲的葬礼，我在提姆的守灵仪式和葬礼上哭得厉害多了。那种宁静平和的感觉到哪儿去了？失去提姆让我感觉生活毫无意义，此后的几个月中，一种忧郁感一直笼罩着我。

在某个特定的时刻，我觉得自己肯定是出了问题了。现在，我知道并不是那样的。失去一位与我同龄的、最好的朋友与失去父亲带给我的冲击完全不同。我以前一直认为我们的友谊会永远继续下去，而且提姆的死让我痛苦地意识到——我自己也是会死的！

当我从悲痛中逐渐恢复过来的时候，我对认识并实现自己的人生目标有了一种紧迫感。于是，我行动了起来。那种最为痛苦的失去感让我从以往的自鸣得意中惊醒，并鲜明地向我揭示出生命的真相——这就是提姆留给我的礼物。

无论我们是否失去了至爱亲朋，那种清晰的感觉依然是我们需要的。

请珍惜每一天，因为这是生命给予我们的礼物。

请意识到我们可能会在任意一个时刻失去一位所爱之人，所以，要按照应有的方式对待他们。

这并不是说，我们需要整日愁云惨淡地停留在那些悲观的想法上。当我们意识到生命是转瞬即逝的时候，我们会更加珍惜每天的生活——这是获得富足人生的关键所在。

> 生命是简单的。每件事都是为了你而发生的，而不是发生在你身上的。每件事都确切地发生在那个正确的时刻，既不会太早，也不会太晚。你没必要喜欢这一切……只是如果你喜欢上已经发生的事情，你的日子会好过一些。
>
> ——《一念之转》，作者拜伦·凯蒂

9年之后，我的外祖母去世了，悲伤再次向我袭来。外祖母91岁了，她的离世应该是最正常不过的事情，但对我来说，这却是最具有毁灭性的。

外祖母一直像是我的第二位母亲，在我的成长过程中，家里只有三个人——我、母亲和外祖母。我们一起吃饭，一起看电视，一起旅行。我甚至在她90岁时，鼓励她练起了瑜伽。

最初，外祖母患癌症的消息让人难以置信。她的身体是如此柔软、灵活而健康，她的动作比我认识的其他任何人的更敏捷。令我震惊的是，确诊后仅仅几周的时间，她的癌症就发展到了最后的阶段。

我趴在她的病床上，尽量无声地哭泣。我每次拥抱她的时候，都尽可能全身心地感受当下，什么都不想，只是想着这个拥抱的感觉。我感受着她的气息，倾听着她的声音，珍惜着每个时刻。我实在太爱她了，这种感觉让我心碎。

从外祖母被诊断出患了癌症到她去世，我整整哭了四个月。我眼睁睁地看着外祖母在极度的痛苦中死去，这对我来说几乎是不能承受的。尽管我努力劝慰自己，外祖母已经走完了她的一生，但我仍感到内心有一处空洞——直到今天我仍然能感受到它。

> 接纳并不是失败。接纳只是觉知。
>
> ——史蒂芬·科尔波特

我在37岁失去外祖母时的感受，与在28岁时失去最好的朋友和在19岁时失去父亲的感受完全不同。这次的"失去"又让我上了一课：死亡是不同的，每个人对待死亡的态度也是不同的。

悲伤没有剧本，也肯定没有正确或者错误的表达方式。无论最初我多么希望能够继续前进，多么震惊，或者最初的反应有多么令人懊恼，我都已经学会让悲伤尽情地流露出来。这听起来有些陈词滥调，但是表达悲伤是一种尊重自己和逝者的方式。无论那种悲伤是以何种表现出来的，我们都不可能躲开悲伤的感觉——你只能去经历它！

研究人员发现，即使当人们陷入悲痛和泪水之中，在想起自己挚爱的亲人的时候，他们依旧能笑出来。即使这非常艰难且具有挑战性，我们也应该试着去找寻一些"爱"来抚平我们内心的伤口。

正如我在前面一章里提到的，练习感恩能够帮助我们从正在经历的痛苦中获得平衡感。

我还记得，在提姆的葬礼之后，那种无休止的哀痛让我精疲力竭。后来，在和一帮高中时的朋友聚会时，大家都特别伤心，我们都想努力弄清楚我们怎么会失去如此年轻的提姆。有个朋友回忆起我们和提姆一起度过的某个又愚蠢又搞笑的时刻，大家都大笑起来。

然后，那个故事就引出了下一个、再下一个故事。一个小时之后，我们从因悲伤而流泪变为因欢笑和感激而流泪。大家一起怀念了一位朋友短暂而有意义的一生。

当我们的朋友去世时，我们应该相信，这是命运

　　将双份生命的任务转移到我们身上，从今以后我们不仅要兑现自己对这个世界的承诺，还要兑现朋友对这个世界的承诺。

——亨利·戴维·梭罗

　　面对挚爱亲人的离世从来不是件容易的事，我已经了解到，并没有正确的或者是错误的哀悼方式。但我相信生命的循环，当某种存在死去时，它会将自己的生命转给另外的存在。对于每一个结束来说，总会有一个新的开始。

　　我并不相信轮回，但是我相信"必死性"，这会让我们真实地面对自己的生命，并去处理那些需要改变的事情。生命是宝贵的，甚至在片刻之间就会被夺走。但是，永远不要忽视这样一个奇迹：我们每天都在生活着！

如何面对失去

艾米·杜弗伦是位演说家，也是《继续走下去：从悲伤到成长》一书的作者。她帮助我了解到，悲伤是如何影响我的生命以及帮助我度过失去亲人的时光的。

我请她分享了关于"面对一位处于悲伤中的人应该说什么"的看法，这些都是她的智慧之谈：

永远不要对处于哀恸之中的人说什么

我们不知道应该对一位失去至爱的人说些什么。

许多身处哀恸之中的人都曾跟我说，当他们的朋友或者熟人试图安慰他们时，那些安慰的话却让他们感到无比空虚，或者更加痛苦。这些话虽然出于好意，但它们是不合时宜的。

当你再遇到正处于哀恸之中的人时，请一定记住下面的这些小提示。

"发生的每件事都是有原因的！"这是处于哀恸之中的人最不想听到的！

别误会我的意思：我完全相信这句话是真的，我的生活信条也是它。但是，当不可预料的悲剧发生时，大多数人对其都是毫无知觉的。

我们需要时间——重新调整，重新评估，重新设置。

我上大学不久后，一位高中同学的父亲突然去世了。她曾是我知道的最积极向上的人，她对自己的人生有着完美的计划——上大学，结婚，生两个孩子。但现在，她彻底崩溃了，我也震惊不已。我想起了这起悲剧发生后我与她的对话。

她说："我总有这样的念头，发生的每件事都是有原因的，但失去父亲后，我才明白这句话是错误的。"

她继续说："我正准备从大学退学——当初我是为了让爸爸感到骄傲才上的大学，但现在还有什么意义呢？结婚对我来说太过遥远了——谁会挽着我的手臂走向婚礼殿堂呢？生孩子就更不可能了，我可不想让其他人经历失去母亲的痛苦。"

几年后，当我再次遇到她时，我一点儿都不吃惊——她已经完成了学业。大学毕业后，她结了婚，还生了两个漂亮的女孩儿。那姑娘坚持了下来！

如果在她父亲去世的时候，我向她保证："任何事情发生都是有原因的！"那会有帮助吗？她会回到人生的正轨上吗？根本不会！她需要时间来思考、疗愈，想清楚自己决定什么时候以什么方式继续自己的人生。

这些都需要时间！

时间真的会治愈一切创伤吗？哦，真的吗？那么到底需要多少时间呢？几周？几个月？几年？几十年？还是几个世纪？
真相是这样的：时间并不会治愈创伤。

　　我知道这种说法与一般的说法背道而驰。但好消息是，时间能够改变我们！

　　我那位失去父亲的朋友说，她一直都陷在失去亲人的痛苦中，但一年之后，她就不因此而麻木了。她选择继续自己的生活。她回到了大学里——为了纪念她的父亲，当然，也为了她自己——继续前进，实现梦想。

　　"你还年轻。你会找到其他人的！"如果你向一位因失去伴侣而悲痛的人说过这句话，我鼓励你现在就拿起电话，为自己的无动于衷向他致以真诚的歉意，并请求他的原谅。然后原谅自己，并发誓以后再也不说这句话了。

　　"这都一年多了，你觉得还没过去吗？"

　　我无法告诉你，有多少人曾在我第一位丈夫——本杰明去世后问过我这样的问题。第一次有人这么问时，本杰明刚去世一个月！一年之后，同样的问题还会出现。一天，我的好朋友又问了这个问题："这都一年多了，你觉得还没过去吗？"

　　"不！我不觉得！"我难以置信地大喊道！

　　我的好朋友耸了耸肩，就因为我不能像她认为的那样治愈自己，她看上去竟然还有些生气！

　　奇怪的是，虽然丈夫已去世许久，但每次听到这样的问题时，我都会感到很痛苦。为什么？因为在那个时刻，失去亲人的那种震惊虽然已经完全褪去，但我必须独自面对重建生活这一事实。可就在这个时候，那些以为我已经恢复了的朋友们却跑来询问我的状况，我明白他们也是出于好心。但我可以很确切地告诉你，没有谁能从失去伴侣、孩子、父母或者好友中彻底恢复过来。

我们大多数人——就像我那位高中同学一样——都会选择继续自己的生活。我们中的许多人都将再次找到幸福和真爱，但是，那种痛苦将永远伴随我们。

对处于哀恸之中的朋友最应该说的一句话其实很简单，也很甜蜜："我爱你！"

本杰明去世的前几年，我几乎从没和母亲说过话。我们也曾交流过，但她说出来的话总是让我生气。但在本杰明刚去世时，她给我打了电话。我鼓足勇气，做好了最坏的准备，但我太脆弱了，根本无法忽视那些自己不想听到的话。

我的担心是多余的。那个时刻，我的母亲——那个几乎总是说错话的母亲，只说了一句话，短短的一句话却让我感到无比震撼——"我爱你！"而且，她一遍又一遍地说。这句话是真诚的，是能治愈人的，是真正有帮助的，它要比任何语言都适合当时我的心境。而且，每当我陷入不可思议的痛苦中时，这句话总能让我感到轻松。

当你遇到失去亲友的人时，与其向他询问死亡的细节，为什么不问一些与众不同的问题呢？比如：

· 他们叫什么名字？

· 他们爱干什么？

· 他们是如何激励你的？

· 他们去世后，你还能感受到他们的存在吗？

请关注生命，而不是损失。这可能会让一切有所不同。

增加你的生命储蓄：生活

·将每天都看作你生命中的最后一天那样去生活。这种态度将给你的日常生活带来全新的意义。

·即使是在哀悼最爱的亲人时，小小的欢笑或者微笑也将带给你片刻的释放。

·永远都不要对处于哀恸之中的人说："时间能治愈一切伤痛。"恰恰相反，你只需要默默地支持他即可。

·并没有正确的或者错误的哀悼方式。我们必须以自己的方式去哀悼逝者。

·请尊重别人以自己的方式进行悼念的权利，也请接受自己在失去亲人时的反应。

第十三章

欢笑

生活有时候确实挺差劲的。它并不都是独角兽和彩虹，也没有那些无糖、无添加剂而美味的饼干（我尚未发现这种饼干，如果你找到了，一定要告诉我）。人生之旅中会有很多波折和坎坷——死亡、疾病、令人疲惫的财务困境，这些都会让人疲惫不堪、元气大伤。但是，无论多么艰难，我们都必须相信一切都会好起来。而且，在大多数时候，情况都不会那么糟。我们只是把心弦绷得太紧了，以至于无法发现坎坷中的小幽默。

　　　　生活过得太快了。如果你不偶尔停下来
　　四处看看，可能会错过它。
　　　　　　　　　　——电影《春天不是读书天》

与追求富足不同，我是在追求财富的过程中学到了关于欢笑的一课。

那是在2000年的夏天，我刚开始自己的职业生涯。我赶上了作为华尔街交易员的首个倒霉日子——亏了很多钱——基本上将我一整个月的赢利全赔光了。

我觉得自己就像个白痴一样，糟糕透了。

我有个朋友，他也是交易员——而且是公司里最棒的交易员，他看出了我的忧虑，对我说："这是你第一次亏了这么一大笔钱，但这不会是最后一次。如果你对交易真有两下子，这种事还会发生。事实上，你会亏得更多。但你也会赚得更多。所以说，你要适应这种情况。"

他微笑着走开了。他是对的，后来，我确实亏了更多，而且我果真赚了更多。我学会了对自己的亏损付之一笑。最终，我挣了更多的钱——并不是通过追求财富，而是通过追求富足。

富足是不能以任何标准来衡量的，而且，成功也不一定是非要成为什么样子，或成为什么人。

富足是一种难以形容的、有延展性的状态，而且，它会随你的变化而变化，只有你自己能够去定义它。

你生来就是富足的，现在，是时候回到那种状态了。

你的富足模式100%是独一无二的，当你达到那种状态时，你将知道它的模样，也将体会到它带给你的感受。

我希望你从今天开始就踏上探索富足的旅程。

试着向你的"富足账户"增加存款：饮食、运动、工作、相信、探索、呼吸、感受、爱、疗愈、感谢、生活等。

最后，也是最重要的——欢笑。如果我们无法在曲折的人生道路上找到幽默，即使我们抵达了彼岸，又有什么用呢?

致谢

感谢mindbodygreen网站的优秀团队——才华横溢的合伙人提姆·格莱尼斯特，他简直能创造出任何东西；卡弗·安德森，他事无巨细，无所不能；凯瑞·肖恩，我的大姨子，卓尔不凡的主编，内容天才；我的太太——我的富足人生的缪斯女神——科琳；还有mindbodygreen网站的全体成员。是他们让我看起来如此光彩照人，我将继续保持！

我永远都要感谢mindbodygreen社区的读者、评论者、供稿人以及合伙人，他们中的很多人从我们创业最初就一直与我们在一起。他们的友谊和支持对我来说就意味着全世界！

我尤其要感谢为这本书做出贡献的支持者们。

感谢我那个小小的，却给予我不可思议的支持和爱的家庭，感谢家人们一直在我身边。

我能写完这本书，要感谢我的母亲对我所有的爱与支持。

我还要特别感谢我的岳父岳母，不仅仅因为他们是最好的岳父岳母，还因为他们家有整个密西西比州西部最好喝的意式咖啡。

　　感谢来自曼哈西特、北山野高中、哥伦比亚大学、中心证券以及不同球队、不同工作岗位和不同城市的朋友们——你们知道我说的是谁。那么多美好记忆将伴我终生。

　　感谢琳达·洛文塔尔，她的"蜗牛邮件"和坚持不懈令这本书得以完成；感谢丽萨·威尔斯能够按照我的语言喜好，修改那些没有连词和标点符号的长句子；感谢企鹅—兰登书屋的编辑希瑟·杰克逊，感谢他相信并塑造了这个被称为"富足"的宏大理念。

　　感谢企鹅—兰登书屋的全体成员对这本书的大力支持！

　　在我的运动员生涯中，我为坏教练打球的时间要多过为好教练打球，不过，还是让我们用正面人物来结束总结。有两位教练对我产生了持久影响——比尔·贝蒂教练，他集中体现了什么是富足；感谢阿蒙·希尔教练，我发现我年纪越大，越爱引用他说的话。

　　感谢弗兰克·李普曼、山姆·贝林德和乔伊斯·乔治，是他们让我一直保持着两米的一流高度——无论是身体上还是精神上。

　　感谢我所有的家人和朋友，不管是过去的、现在的，还是将来的。正是因为有你们，我才感到自己是富足的。

　　最后，当然也是最重要的，感谢我的父亲，我相信他是我的守护天使，是他确保我在二十多岁做的糟糕决定没有演变为一场终生的灾难。